技術者になっても役立つ電子回路

博士（工学）
若海 弘夫 著

電気書院

まえがき

　Personal Computer（PC）やスマートフォン等で明らかなように，近年電子機器に用いられている電子回路部品は，小型化・低消費電力化を図るために集積化が進み，集積回路（IC）として使うようになってきています．このような状況の中で，ICを設計できる技術者，およびICを使う立場の人でもICが分かる技術者が必要でありますが，今日の電子回路の書籍の多くは既存の回路部品を寄せ集めて構成することを視点にして書かれています．したがって，大学や高専で専門的に電子回路を学習しても，現実の製品開発に携わろうとすると，その技術のギャップに遭遇してしまうという声を聞きます．

　本書は，このようなICを分かる人材あるいは設計できる人材を育成することに重点を置いたものです．もちろん既存の回路に関する知識がないと，ICへの応用が難しいため，既存の回路知識から集積回路に至るまで，幅広い技術を網羅しています．筆者は高専の電子回路関係の講義で本書に採用されている資料を多用してきました．その講義では分かる内容を重点的に，資料を作成してきた経験を踏まえ，基本的に細かい理論の導出や説明にとらわれ過ぎないように，原理と理論のエッセンスを分かりやすい形で紹介するようにしています．本書でも自分で導出過程を追跡しながら理解でき，設計に反映できるように工夫したつもりです．また，ICや電子回路の高精度な設計には，理論を踏まえて，シミュレーションが不可欠なため，今日のICの設計で使用されているSPICEシミュレーション技法も具体的な回路を取り上げながら紹介するようにしました．特に，ICの設計では，扱う電子素子のモデルが重要であるため，ICのプロセスを踏まえたMOSのシミュレーションモデルも紹介しました．この技法を修得して使いこなせば，電子回路についての理解がより深まるものと思います．なお，全てを掲載できない部分も多々ありましたが，不足の内容については，参考文献等の関連の専門書をご覧頂きたいと思っています．

　本書の特筆すべきポイントは，分かりやすい電子回路技術とSPICEシミュレーション技法を取り入れた高い実用技術とICの設計技法を紹介している点にあるかと思います．

　本書の利用対象としては，高専・専攻科生，大学生，大学院生のみならず，センサやIC等の専門の研究開発者等幅広い層をめざしております．技術の向

上に少しでもお役に立てば幸いに存じます．

　終わりに本書を発刊するに当たっては，先輩方の多くの著書を参考にさせて頂きました．関係の筆者の方々には厚く御礼を申し上げます．また，発刊内容をご承諾頂きました電気書院の出版統括部部長　久保田勝信氏，発刊内容につき色々とご助言を頂いた同社の開発室長　金井秀弥氏に深く感謝申し上げます．さらに，編集・校正に当たって多大なご尽力を頂いた同社編集部の田中和子氏にも深く感謝致します．

2016年6月　若海　弘夫

回路図での抵抗表記について

　回路図で抵抗を表記する場合，以前はギザギザ記号が用いられていたが，下図のような四角で表現する新JIS記号が制定されてからは，併用されている．現場や論文では，旧のギザギザ記号を用いる場合も多いが，本書ではシミュレーション用の回路を除き新JIS記号で表記することにした．

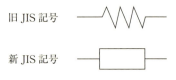

目次

第1章 基本電子素子 …… 1
- 1-1 pn接合ダイオード …… 2
- 1-2 バイポーラトランジスタ …… 7
- 1-3 電界効果トランジスタ …… 9
- 章末問題1 …… 14

第2章 トランジスタのバイアスと等価回路 …… 15
- 2-1 トランジスタの増幅作用と負荷線 …… 16
- 2-2 トランジスタのバイアスと等価回路 …… 20
- 2-3 トランジスタ・FETの等価回路 …… 24
- 章末問題2 …… 30

第3章 CR結合増幅回路 …… 33
- 3-1 交流増幅回路のバイアス点設定法 …… 34
- 3-2 バイアス安定化のためのバイアス回路設計法 …… 35
- 3-3 負帰還増幅回路 …… 36
- 3-4 CR結合多段増幅器と周波数特性 …… 38
- 章末問題3 …… 45

第4章 FETアンプ …… 47
- 4-1 ソース接地FET増幅回路の構成とバイアス設定法 …… 48
- 4-2 ゲート接地回路負荷カスコード回路 …… 51
- 4-3 ドレーン接地回路 …… 54
- 章末問題4 …… 55

第5章　OPアンプ……57
5-1　差動増幅回路……58
5-2　OPアンプ……63
5-3　CMOS OPアンプ……67
5-4　帰還増幅器・線形演算……69
章末問題5……80

第6章　スイッチトキャパシタアンプ……83
6-1　SC基本回路……84
6-2　SCアンプ……85
6-3　ダイナミックスイッチングバイアス方式……85
章末問題6……91

第7章　波形制御回路……93
7-1　クリッパ……94
7-2　リミッタ……96
7-3　ツェナーダイオードリミッタ……98
7-4　スライサ……99
7-5　クランプ回路……99
7-6　理想ダイオード回路……101
7-7　包絡線検出回路……102
章末問題7……103

第8章　発振器……105
8-1　帰還発振器……106
8-2　水晶発振器……111
8-3　RC発振回路……116
章末問題8……121

第9章　パルス発生回路……123
9-1　マルチバイブレータ……124

9-2　のこぎり波発生回路 …………………………………… 131
　　章末問題 9 ……………………………………………………… 136

第10章　A/D・D/A 変換器　137
　10-1　ディジタル量とアナログ量 ………………………… 138
　10-2　A/D 変換 ……………………………………………… 138
　10-3　A/D 変換器 …………………………………………… 141
　10-4　D/A 変換器 …………………………………………… 146
　　章末問題 10 …………………………………………………… 151

第11章　SPICE による設計技法　153
　11-1　SPICE モデル ………………………………………… 154
　11-2　SPICE シミュレーション技法 ……………………… 159
　11-3　OP アンプの応用シミュレーション例 …………… 161
　　章末問題 11 …………………………………………………… 168

章末問題解答 ……………………………………………………… 169

参考文献 …………………………………………………………… 178

記号リスト ………………………………………………………… 181

索　引 ……………………………………………………………… 192

v

第1章

基本電子素子

　この章では，電子回路を構成する基本素子のpn接合ダイオード，バイポーラトランジスタ，およびMOSFETについてその構造と動作原理について述べる．これらの非線形素子が，抵抗，コンデンサやコイル等の線形素子と組み合わされて回路を組み立てるのであるが，特に特性を規定するパラメータが多いため，特徴をよく理解することが設計上も重要である．

1-1 pn接合ダイオード

シリコン（Si）の真性の半導体結晶にリン（P）あるいはヒ素（As），ボロン（B）あるいはガリウム（Ga）を別々に注入すると，pn接合ダイオードが形成される（図1-1（a））．通常は電気伝導を示さないが，PやAsのV族元素の不純物を混入したものは，多数の電子を伝導キャリヤとして持つようになり，n形の領域となる．一方，BやGaの三族元素の不純物を混入したものは，多数のホールを伝導キャリヤとして持つようになり，p形となる．p, n領域を接合させると，接合付近でp形領域のホールとn形領域の電子が拡散しながら再結合して消滅し（図1-1（b）），

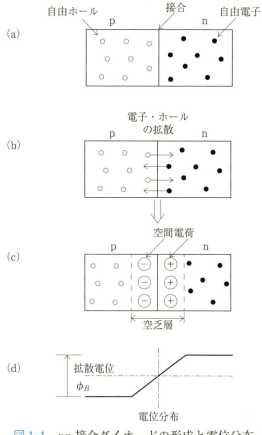

図1-1 pn接合ダイオードの形成と電位分布

キャリヤの存在しない空乏層が形成される（図1-1（c））．この空乏層内では正負の空間電荷が残存して，一種のコンデンサのような絶縁層になり，拡散電位ϕ_Bを生成するため，電位障壁が形成される（図1-1（d））．

サプリメント

pn接合のエネルギー準位図は図1-2に示すとおりである．まず外部バイアスのない熱的平衡状態におけるエネルギー分布を説明する．n形半導体では，フェルミ準位（電子の存在確率が1/2の点を意味する）E_Fが，伝導帯の近くで，充満帯と伝導帯に挟まれた禁制帯の中央（真性半導体のフェルミ準位）よりも上に位置する．一方，p形半導体では，フェルミ準位は充満帯近くに存在し，禁制帯の中央よりも下に位置する．接合面では，キャリヤの拡散が起こるため，n形のエネルギー準位は下がり，p形のそれは上がる．このような両方のフェルミ準位が一致した準位で平衡状態になり，p形のフェルミ準位とn形のフェルミ準位との差だけp領域の準位の方が高くなる．この差が拡散電位分の電位障壁ϕ_Bに対応する．

順方向バイアスV_Fを印加すると，電位障壁を打ち消す方向に作用するため，n領域のエネルギー準位はp領域よりもqV_Fだけ高くなる．このため，n領域の伝導帯下端のE_C以上のエネルギー準位にある電子が増加し，電位障壁を超えてp領域に拡散するようになる．同時にp領域のホールもn領域に拡散する．

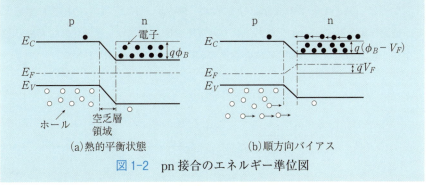

図1-2　pn接合のエネルギー準位図

(1) 動作原理

次に，図1-3（a），（b）に示すようなバイアス電圧を印加した状態の時のこの素子の動作原理を述べる．pn接合ダイオードに順方向バイアス電圧 V_F を加えると，電位障壁が $\phi_B - V_F$ に低下し，空乏層は狭くなり，n形領域の電子（多数キャリヤ）はp形領域へ，p形領域のホール（多数キャリヤ）はn形領域へ移動し，順方向電流 I_F が流れる．

逆に，逆方向バイアス電圧 V_R を印加すると，空乏層は広がるようになって，電位障壁が $\phi_B + V_R$ と高くなり，多数キャリヤは接合部の反対側に移動する．この結果，少数キャリヤによる微小な逆方向電流 I_s を除いて電流はほとんど流れなくなる．

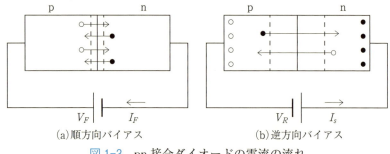

図1-3 pn接合ダイオードの電流の流れ

(2) 整流作用

図1-4に，ダイオードの表記記号を示す．ダイオードはこれらの動きに対応して，整流作用を起こす．すなわち，順方向電圧を印加時には，導通化してON状態となり，逆方向電圧を印加時には非導通のOFF状態になる（図1-5）．

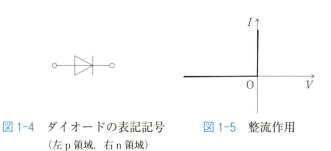

図1-4 ダイオードの表記記号　　図1-5 整流作用
　　　（左p領域，右n領域）

（3） 理論上の電圧・電流特性

ダイオードの理論的な I-V 特性は，(1-1)式で表される．

$$I = I_S \cdot (e^{\frac{qV}{kT}} - 1) \tag{1-1}$$

ここで，I_S, q, k, T はそれぞれ逆方向飽和電流，電子の電荷量（$= 1.6 \times 10^{-19}$ C），ボルツマン定数（$= 1.38 \times 10^{-23}$ J/K），絶対温度を表す．

図1-6に，実際の素子の I-V 特性を示す．通常のダイオードは低い逆方向電圧 V_R では逆方向電流 I がほとんど流れないが，接合部のp領域あるいはn領域の濃度が高いと，比較的低い V_R でも逆方向電流が急増する現象が生じる．この急増する時の逆方向電圧の絶対値を降伏電圧あるいはツェナー電圧 V_Z と呼んでいる．

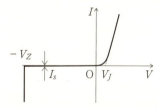

図1-6　ダイオードのI-V特性

V_Z を決める支配的な動作としては，以下の2つの現象がある．
① ツェナー降伏による現象（$V_Z <$ 約 6 V(Si)）
② 雪崩降伏による現象（$V_Z \geqq$ 約 6 V(Si)）

①の現象は，空乏層幅が狭い場合に，電子がトンネル現象により空乏層を透過して逆方向電流を増加させるために起こる（図1-7）．他方の②の現象は，比較的広い空乏層が形成されていても空乏層内を電子が加速しながら結晶の原子に衝突して，新たに電子とホールが作られ，この自由電子がまた加速・衝突を繰り返しながら雪崩状にキャリヤ（電子とホール）を生成する過程で起こる（図1-8）．

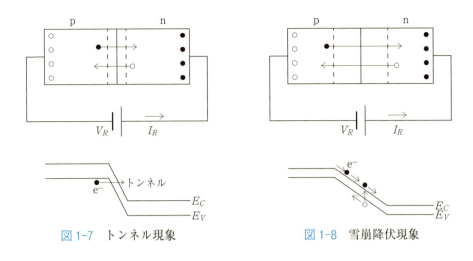

図 1-7 トンネル現象　　　　図 1-8 雪崩降伏現象

（4） 接合容量

また，空乏層は絶縁層のため，接合容量が生まれる．p，n 層のいずれかの濃度が高い時には，単位面積当たりの接合容量 C は近似的に次式で与えられる．

$$C = \frac{K_s \cdot \varepsilon_0}{W} \quad [\text{F/m}^2] \tag{1-2}$$

ここに，W は空乏層幅を表しており，片側のみ高い濃度の接合時には，低濃度領域の濃度を N_A として，

$$W = \sqrt{\frac{2K_s \varepsilon_0 (\phi_B + V_R)}{q N_A}} \tag{1-3}$$

で表される．ここに，ϕ_B，ε_0，K_s，V_R は，それぞれ拡散電位（$\phi_B \fallingdotseq 0.6\,\text{V}$），真空の誘電率（$= 8.854 \times 10^{-14}\,\text{F/cm}$），Si の比誘電率（$= 11.7$），逆バイアス電圧である．

（5） 少数キャリヤ蓄積効果

ダイオードには少数キャリヤ蓄積効果がある．すなわち，順方向電圧の印加状態から瞬時に逆方向に切り替えた時に，大きな逆方向電流が過渡的に流れる現象であ

り（図1-9），順方向電圧による注入キャリヤが相手領域に蓄積され，逆方向電圧V_R印加時に元の領域に戻ることにより起こる．大きな逆方向電流の流れる時間として，2～3 μs に及ぶこともある．これは V_R が大きいほど安定になるまでに時間を要し，高速動作時に問題となる．対策も検討されており，Si 内に金を拡散する等の手法により数 ns の回復時間も得られている．

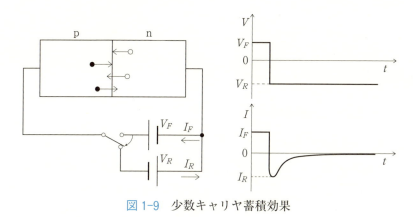

図 1-9　少数キャリヤ蓄積効果

1-2　バイポーラトランジスタ

　p 形，n 形半導体をサンドイッチ状に重ねて 2 つの接合を形成したものが接合形トランジスタであり，アンプや論理回路等に用いられる．この素子は，電子とホールの両方が介在して動作するため，バイポーラトランジスタと称せられている．図 1-10 および図 1-11 に示すような npn と pnp の 2 種類の素子があるが，いずれも E（キャリヤを発射する部分のエミッタ（emitter）），B（中央に挟まれた基板部分のベース（base）），C（キャリヤを集める部分のコレクタ（collector））の 3 端子を有し，E-B 間の電流を電流増幅する機能がある．素子の区分けは，表記記号に示すように E 部分に電流の流れる方向を示す矢印を付けて区別している．

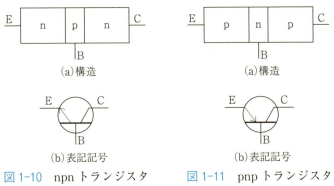

図 1-10　npn トランジスタ　　図 1-11　pnp トランジスタ

（1）動作原理

　pnp 形トランジスタを例に挙げて動作原理を説明する．図 1-12 に示すように，C-E 間に数 V～数十 V の V_{CE} を印加して C-B 間に逆方向電圧が加わるようにする．また，B 領域の幅を十分薄くし（数 μm 程度），E 領域の不純物濃度は B 領域に対して十分高く設定する．今，E-B 間に順方向電圧 V_{BE}（約 0.6～0.7 V）を加えると，E から B へホールが注入される．B 領域の電子密度が低いため，このホールの大部分は拡散により B から C へと到達する．C に入ったホールは V_{CE} の電界で吸収され，コレクタ電流 I_C となる．残りの 1 % 弱は，B 領域で電子と再結合してベース電流 I_B となる．

　C に入ったホールは，コレクタ電界の影響をあまり受けないため，V_{CE} に依存せず I_C はほぼ一定値を保つ．

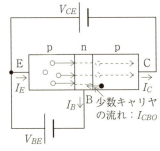

図 1-12　pnp トランジスタのバイアスと電流の流れ

$$I_E = I_C + I_B \qquad (1\text{-}4)$$

より，$I_B = I_E - I_C$

I_C の I_E に対する割合をベース接地電流増幅率 α，I_B に対する割合をエミッタ接地電流増幅率 β と呼んでおり，以下のように α と β の関係を表すことができる．

$$I_C = \alpha I_E \qquad (1\text{-}5)$$

$$I_C = \frac{\alpha}{1-\alpha} I_B = \beta I_B \qquad (1\text{-}6)$$

ここに，α は 0.95〜0.99 程度であり，β は数十〜数百程度である．すなわち，バイポーラトランジスタはベース電流を増幅する機能を備えていることが分かる．なお，厳密な I_C と I_E の関係は，E 解放時の B-C 間の逆方向電流 I_{CBO}（コレクタ遮断電流と称せられている．ベースとコレクタの接合ダイオードにおける逆方向飽和電流に等しい）を用いると

$$I_C = \alpha I_E + I_{CBO} \qquad (1\text{-}7)$$

で表される．

1-3 電界効果トランジスタ

　本節では，IC 化に最も適した電界効果トランジスタについて学習する．この素子では電子あるいはホールのいずれかのキャリヤのみが電気伝導に寄与するため，ユニポーラトランジスタとして知られる．前節で紹介した，電流制御で動作するバイポーラトランジスタとは原理的に異なる．入力インピーダンスが高く，電圧で制御する素子である．この素子には，空乏層幅をゲート電圧で変えながら多数キャリヤの流れを制御する接合形 FET（JFET）およびゲート電圧で絶縁膜下に形成される少数キャリヤ（反転層）の流れを制御する金属酸化膜 FET（MOSFET）の 2 種類がある．JFET には，キャリヤが通過する伝導領域の種類により p チャネル形と n チャネル形があり，基本的にデプレッション形のみである．他方，MOSFET は，伝導キャリヤの違いにより p チャネル，n チャネルの 2 種類に区分けされる．いずれにおいても，しきい値の正負によりエンハンスメント形とデプレッション形がある．

（1） nチャネル MOSFET

nチャネル MOSFET は，p 形 Si 基板上に高濃度の n 形半導体層（n^+）からなるソース領域（S），ドレーン領域（D）を設け，その間の Si 上に SiO_2 の絶縁膜を介して Poly-Si 等のゲート金属膜（G）を設けた構造をしている（図 1-13）．動作原理は以下に記載するとおりである．

G にゲート電圧 V_{GS} を加えると，SiO_2 下の空乏層内に負電荷を集めるため，電子の反転層（チャネル）が形成される．この状態でドレーン電圧 V_{DS} を加えると，チャネルを通して S から D に向かって電子の流れが生じ，その流れとは逆の方向にドレーン電流 I_D が流れる．この時 2 つの動作領域に対応して I_D が流れる．

（a） 線形領域（$V_{DS} < V_{GS} - V_T$）

V_{DS} の低い領域では，電流は V_{DS} にほぼ比例して増加する．この動作領域を線形（リニア）領域と称している．V_T はしきい値電圧を表し，キャリヤが流れ始める時のゲート電圧を意味する．

（b） 飽和領域（$V_{DS} \geqq V_{GS} - V_T$）

V_{DS} を大きくしていくと，ドレーンからの空乏層がチャネル領域に入り込み，チャネル端がソース側に近づく．この時の V_{DS} をピンチオフ電圧（V_P）というが，この V_P 以上の V_{DS} を加えても電流はほとんど増えない．そのため，この領域を飽和領域と呼んでいる．

（c） エンハンスメント形

しきい値 $V_T > 0$ の素子をエンハンスメント形と称し，図 1-14 のようにわずかな正のゲート電圧を加えてから電流が流れる V_{GS}-I_D 特性を示す．このタイプの素子は G 直下に B 等のアクセプタイオンをイオン注入し熱処理することにより製造

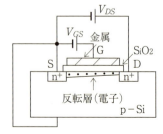

図 1-13　nチャネル MOSFET の構成

される．このタイプのデバイスは CMOS IC の基本構成の一つとして用いられている．

（d）デプレッション形

しきい値 $V_T \leq 0$ の素子をデプレッション形と称し，図 1-15 のように $V_{GS} = 0$ でもチャネルが形成されており，I_D が流れる V_{GS}-I_D 特性を示す．このタイプの素子は，G 直下に P 等のドナーイオンをイオン注入し熱処理することにより製造される．エンハンスメント形（E-MOSFET）とデプレッション形（D-MOSFET）の表記記号をそれぞれ図 1-16（a），（b）に示す．

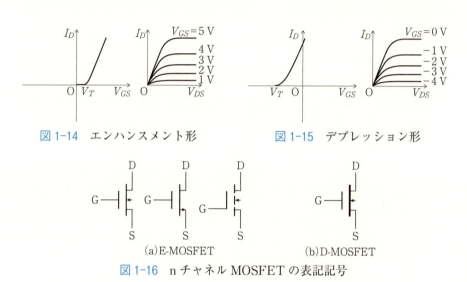

図 1-14　エンハンスメント形　　　　　図 1-15　デプレッション形

(a)E-MOSFET　　　　　　　(b)D-MOSFET

図 1-16　n チャネル MOSFET の表記記号

サプリメント

nチャネル MOSFET の動作は図1-17 に示したダムモデル図で容易に理解できる．D近傍における垂直方向に切った断面の電位分布を示している．V_{GS} が印加された瞬間には反転層の電子はなく，界面付近に放物線上の電位分布（バンド）からなる空乏層が形成される．これを空乏層バンドと称することにする．$V_{GS} - V_T$ に応じて界面付近に形成されたこの

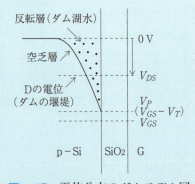

図1-17　電位分布のダムモデル図

空乏層バンド内はSからの電子の流入によりすぐに電子で埋まる．V_{DS} が0Vの時にはその空乏層バンドと界面で囲まれた逆三角形の部分に電子が埋まっており，ちょうどダムの堰堤の奥にある貯水湖に水が充満しているのと同じである．その手前側にダムの堰堤に当たるバリアを下げるべくドレーン電圧 V_{DS} を大きくしていくと，バリアの上部にあるキャリヤは手前側に流れる．バリアはやがて空乏層バンドの下端エッジ（ピンチオフ電圧 V_P）に到達し，それ以上の V_{DS} を加えても空乏層バンド内キャリヤは全て流れでているため，キャリヤの流れはさらに増えることはない．すなわち，飽和状態になることを示す．

（2）pチャネル MOSFET

pチャネル MOSFET は，n形 Si 基板上に高濃度のp形半導体層（p^+）からなる S，D を設け，その間の Si 上に SiO_2 の絶縁膜を介してゲート金属膜を設けた構造をしている（図1-18）．表記記号としては図1-19に示すようなものが知られている．この素子では，G，D に負の電圧を加えた時にチャネルにホールの流れを生じドレーン電流として流れる．この素子のエンハンスメント形は n チャネルの素子とペアで CMOS の形で使われることが多く，現在の LSI の基本構成を成している．

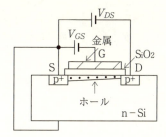

図 1-18　p チャネル MOSFET の構成

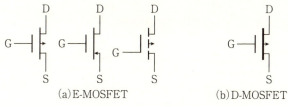

図 1-19　p チャネル MOSFET の表記記号

（3）　電圧・電流特性の理論式

　MOSFET の理論的な I-V 特性を表す式としては，チャネル長変調が無視できる程度のほぼ 10 μm 以上（現状の LSI 技術における数 μm 以下のチャネル長に比べ比較的長い）のチャネル長の場合には以下の基本モデルが知られている．

$$I_D = \beta\left[(V_{GS}-V_T)V_{DS} - \frac{1}{2}V_{DS}^2\right] \quad V_{DS} < V_{GS}-V_T \quad (1\text{-}8)$$

$$I_D = \frac{\beta}{2}(V_{GS}-V_T)^2 \quad V_{DS} \geqq V_{GS}-V_T \quad (1\text{-}9)$$

ただし，$\beta = \dfrac{W}{L}C_o\mu$，$L$：チャネル長（μm），$W$：チャネル幅（μm），$C_o$：単位面積当たりのゲート酸化膜容量（F/m²），$\mu$：電子（ホール）の実効移動度（m²/(v・sec)）．L は D からの空乏層の広がりを無視した時の S-D 間間隔を，W はチャネルに垂直な方向の S，D の幅を表す．

　以下に，MOSFET の特徴を示す．

① 入力抵抗が $10^{10} \sim 10^{15}$ Ω と高い（静電気によりゲート破壊が生じやすい）

② 少数キャリヤ蓄積効果がない

③ 熱的に安定（負の温度係数を有する）
④ 低周波雑音は表面状態に支配され，1/f 雑音は大きく，通常のバイポーラトランジスタに比べても大きい
⑤ 放射線に対する耐性は強い
⑥ 微細構造のものが形成しやすく，集積回路化しやすい
⑦ V_{GS} を正負両方向にバイアスできるので，大振幅動作が可能

章末問題 1

1. pn 接合ダイオードの逆方向飽和電流 $I_s = 1\,\text{pA}$ である時，以下の問いに答えなさい．
   (1) 接合温度 $T = 25\,℃$ として $0.6\,\text{V}$ の順方向電圧を加えると，流れる電流 I はいくらか．
   (2) ダイオードの温度 T が $50\,℃$ になると，I はどのように変化するか．また，その値は (1) の場合の何倍に相当するか．順方向電圧は $0.6\,\text{V}$ のまま変わらないものとする．
2. pn 接合ダイオードの少数キャリヤ蓄積効果について説明しなさい．
3. n-MOSFET のゲート電圧 $V_{GS} = 3\,\text{V}$，$5\,\text{V}$ に対するピンチオフ電圧 V_P およびピンチオフ点における飽和ドレーン電流 I_D を求めなさい．ただし，しきい値電圧 $V_T = 0.8\,\text{V}$，$\beta = \dfrac{W}{L} C_o \mu = 4.6 \times 10^{-5}\,\text{F/(v·sec)}$ とする．
4. 図 1-20 のエミッタ接地回路で，$R_C = 1.0\,\text{k}\Omega$，$\alpha = 0.99$，$I_B = 50\,\mu\text{A}$，$V_{CC} = 10\,\text{V}$ の場合における I_C，I_E，V_{CE} を求めなさい．

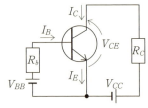

図 1-20　エミッタ接地回路

第 2 章
トランジスタのバイアスと等価回路

　この章では，トランジスタを実際に動作させるのに必要なバイアスの掛け方や，その回路から利得等のおよその性能値の見積を行うための等価回路について学習する．バイアスは最も簡単なものから複雑なものと幾つかあるが，典型的な回路をベースに設計の仕方を学ぶ．等価回路も学術的なものよりも実用的なものを重視して紹介する．

2-1 トランジスタの増幅作用と負荷線

(1) 電流増幅率

バイポーラトランジスタの電流増幅率は直流に対しては既に第1章で述べたけれども，交流信号に対しては変化分の比で定義されている．すなわち，ベース接地電流増幅率 α は，

$$\alpha = \frac{\Delta I_C}{\Delta I_E} = \frac{i_c}{i_e} \tag{2-1}$$

エミッタ接地電流増幅率は，h_{fe} で定義され，

$$h_{fe} = \frac{\Delta I_C}{\Delta I_B} = \frac{i_c}{i_b} \tag{2-2}$$

である．添え字の f は forward を，e はエミッタ接地を意味する．これらの電流増幅率はバイアスの状態にも依存するが，$\alpha \sim 0.99$，$h_{fe} = 100 \sim 300 \fallingdotseq \beta$ と直流の値にほぼ近い．

(2) 接地方式

バイポーラトランジスタは3端子素子であるため，使用時には共通電極（接地端子）を含めて入力側2端子，出力側2端子の4つを必要とする．この接地方式には用途に応じて以下の3つの方式が用いられる．

① エミッタ接地方式（図 2-1）

    一般的には中域増幅用

    電圧利得は大きい

② ベース接地方式（図 2-2）

    高周波特性が良いので，高周波増幅用

    電圧利得は大きい

③ コレクタ接地方式（図 2-3）

バッファ用として使用され，電圧利得≒1

周波数特性は良い

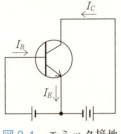
図 2-1　エミッタ接地

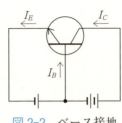
図 2-2　ベース接地

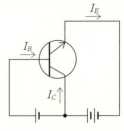
図 2-3　コレクタ接地

（3）静特性

トランジスタ自身の直流的な特性を静特性と称している．負荷を接続して交流的に動作させた時の特性を動特性と呼ぶ．npn トランジスタのエミッタ接地回路における静特性を述べる．

（a）入力特性

コレクタ電圧 V_{CE} を一定にした時の V_{BE} と I_B の関係を示すものが入力特性である（図 2-4）．基本的には B と E 間入力ダイオードの特性を示しており，V_{CE} が変化してもあまり変化しない．

（b）出力特性

ベース電流 I_B を一定にした時の V_{CE} と I_C の関係を示すものが出力特性である．図 2-5 のように I_B の値に応じて I_C の飽和電流はほぼ比例しながら変化する．

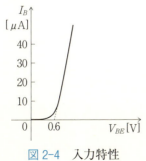
図 2-4　入力特性

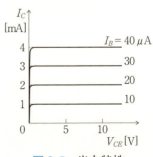
図 2-5　出力特性

（4） 増幅作用と負荷線

トランジスタを交流動作させるには，直流バイアス電流を与え，それに交流の小信号を重畳させるのが基本である．図 2-6 のエミッタ接地回路について直流バイアス電流を考えよう．

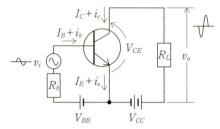

図 2-6　エミッタ接地回路

入力側については $V_{BE} - I_B$ の入力特性曲線と入力側負荷線

$$I_B = \frac{V_{BB} - V_{BE}}{R_b} \tag{2-3}$$

との交点 Q（V_{BEQ}, I_{BQ}）が直流的なバイアス電圧・電流（動作点）となる．これら特性曲線と負荷線の両方を満たす条件で動作するため，適切な動作点に設定するためには V_{BB} と R_b をうまく設計することが必要である．出力側の動作点については，入力動作点 Q に対応する I_B における特性曲線が動作点を与える．
出力側の直流バイアス回路では，

$$V_{CC} = V_{CE} + R_L \cdot I_C \tag{2-4}$$

が成り立つことより，I_C は直流負荷線

$$I_C = \frac{V_{CC} - V_{CE}}{R_L} \tag{2-5}$$

上を移動する．したがって，この直流負荷線とトランジスタの出力特性曲線の両方を満たす条件で動作するので，交点 P（V_{CEQ}, I_{CQ}）が動作点になる．交流信号はこれらの動作点を基準に印加される（図 2-7）．

この回路においては負荷抵抗 R_L に I_C の電流が流れることにより電圧増幅が実

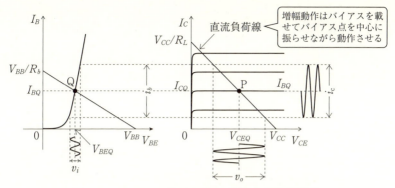

図 2-7　エミッタ接地回路の動作点と交流動作

現される．電圧増幅度（電圧利得ともいう）A_V は，入力抵抗を R_{ie} として

$$A_V = \frac{v_o}{v_i} = -\frac{R_L}{R_{ie}}\frac{i_c}{i_b} = -h_{fe}\cdot\frac{R_L}{R_{ie}} \tag{2-6}$$

となり，h_{fe} は選定トランジスタで決まるし，R_{ie} も極度に変えられないので，ほとんど負荷抵抗で決まるといえる．

また，電流増幅率 $\dfrac{i_c}{i_b} = h_{fe}$ は電流増幅度を表しているから，一般的に，電圧増幅度は，

$$電圧増幅度 = -（電流増幅度）\times \frac{負荷抵抗}{入力抵抗}$$

で与えられることが分かる．

（5）交流負荷線

実際の増幅回路（増幅器，アンプともいう）は，多段に縦続接続するので結合コンデンサを介して入力信号供給系・出力供給系を分離することが多い．結合コンデンサ C_1，C_2 を有する図 2-8 に示す交流増幅回路では，交流信号に対して，動作点は変わらないものの直流負荷線上ではなく交流負荷線上を動く（図 2-9）．交流に対する等価回路は V_{CC} を接地し，C_1，C_2 の両端子をショートした形になるため，交流負荷抵抗 R_{ac} は R_2 と R_L の並列抵抗になる．交流負荷線は，

　　交流負荷線：交流の等価負荷抵抗で出力電圧変化分を割ったものがコレクタ電流
　　　　　　　変化分に等しいことを表した線

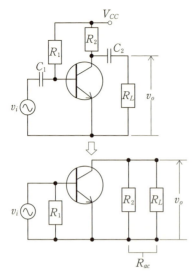
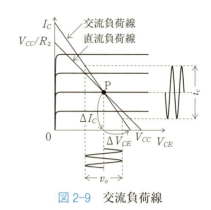

図 2-9 交流負荷線

図 2-8 交流増幅回路と変換等価回路

であるため，コレクタ電流の変化分すなわち交流の小信号で表示すると

$$\Delta I_C = -\frac{\Delta V_{CE}}{R_{ac}} \tag{2-7}$$

$$i_c = -\frac{v_o}{R_{ac}} \tag{2-8}$$

が成り立つ．

交流増幅器はこの負荷線とトランジスタの V_{CE}-I_C 特性の両方を満たしながら動作するので，その条件を算出すると一般的に交流出力電圧範囲は結合コンデンサのない場合に比べて狭くなる．

2-2 トランジスタのバイアスと等価回路

バイアス回路には下記の 3 つが知られる．
(1) 固定バイアス回路
(2) 自己バイアス回路
(3) 電流帰還バイアス回路

これらのバイアス回路の選択に当たっては，以下の4つの点が考慮される．

① 熱的直流安定度（周囲温度変化，発熱による動作点の変動を最小化）
② トランジスタのバラツキに対する動作保証（$\beta = h_{FE}$ の最小・最大値のバラツキにもかかわらず動作可能化）
③ 経済性（トランジスタ，R，C の数・価格を考慮して無調整化）
④ 利得（利得を犠牲にして安定度の向上を図る）

安定度を表す評価値として3つの安定係数が知られている．

$$I_{CBO} \text{に対する安定係数}: S_I = \frac{\Delta I_C}{\Delta I_{CBO}}$$

$$V_{BE} \text{に対する安定係数}: S_V = \frac{\Delta I_C}{\Delta V_{BE}}$$

$$h_{FE} \text{に対する安定係数}: S_h = \frac{\Delta I_C}{\Delta h_{FE}}$$

これらの安定係数が小さいほど，回路動作は安定である．コレクタ遮断電流 I_{CBO} は温度 T により指数関数的に増大するが，Si では絶対値が 0.1 nA 程度と小さいため，通常この I_{CBO} の影響は比較的少ない．そこで，以下の解析では S_I を省略することとする．V_{BE} については，1 ℃ 上昇すると V_{BE} は約 2.5 mV 変化するし，h_{FE} は温度の上昇と共に大きく変化するので，S_V と S_h は無視できない（表 2-1）．

表 2-1　トランジスタの h_{FE} と V_{BE} の温度変化例

T [℃]	h_{FE}	V_{BE} [V]
-65	20	0.85
25	50	0.65
100	80	0.48

（1）　固定バイアス回路

図 2-10 に示す固定バイアス回路では，ベース電流は，

$$I_B = \frac{V_{CC} - V_{BE}}{R_b} \tag{2-9}$$

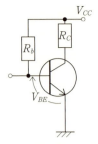

図 2-10 固定バイアス回路

で与えられ，I_C の値に無関係に，V_{CC} と R_b のみで決められる．安定係数は以下のように算出される．

$$S_V = -\frac{h_{FE}}{R_b} \tag{2-10}$$

$$S_h = \frac{V_{CC} - V_{BE}}{R_b} \tag{2-11}$$

〈特徴〉
1. 構成は最も簡単
2. 利得は大きい
3. I_C の動作点が大幅に変化しやすく，トランジスタの特性バラツキに対する保証が悪い
4. 温度に対する安定度（S_I，S_V，S_h 共に）は最も良くない
5. 直流損失は小さい
6. 特殊用途以外はあまり使われない

（2） 自己バイアス回路

図 2-11 に示すように，ベース電流をコレクタ端子から抵抗を介して供給するようにして，コレクタ電流の変化を抑制したものが自己バイアス回路であり，電圧帰還バイアス回路ともいわれる．何らかの原因で I_C が増加すると R_C の電圧降下が増大し，V_{CE} が低下する．すると I_B が減少するため I_C の増加が抑制される．このようにして安定性が確保され，安定係数は固定バイアス回路よりも改善される．安定

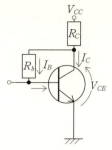

図 2-11 自己バイアス回路

係数は以下のように算出される．

$$S_V = -\frac{h_{FE}}{(1+h_{FE})R_C + R_b} \tag{2-12}$$

$$S_h = \frac{(R_C + R_b)I_C}{h_{FE}\{(1+h_{FE})R_C + R_b\}} \tag{2-13}$$

ただし，$I_C = \dfrac{h_{FE}(V_{CC} - V_{BE})}{(1+h_{FE})R_C + R_b} \tag{2-14}$

〈特徴〉
1．安定度は固定バイアス回路よりも良い
2．歪率・利得は（1）の固定バイアス回路に比べて良い
3．入力インピーダンスは（1）の固定バイアス回路に比べて低い
4．高周波回路やオーディオ回路で使用されることがある

（3） 電流帰還バイアス回路

図 2-12 に示すように，分圧回路とエミッタ・接地端子間に接続したエミッタ抵抗 R_e によりベースバイアス電圧を得る回路で，R_e に流すエミッタ電流により帰還をかけて安定化を図ったものを電流帰還バイアス回路という．何らかの原因で I_C が増加すると，R_e の電圧降下が増加する．これにより，V_{BE} が減少し，その結果 I_B を減少させる．これが I_C を減少させるように作用するのでその増加が抑制される．安定係数は以下のように算出される．

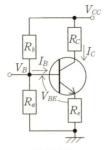

図 2-12 電流帰還バイアス回路

$$S_V = -\frac{h_{FE}}{(1+h_{FE})R_e + R_a//R_b} \tag{2-15}$$

$$S_h = \frac{(R_a//R_b + R_e)I_C}{h_{FE}\{(1+h_{FE})R_e + R_a//R_b\}} \tag{2-16}$$

$$ただし, I_C = \frac{h_{FE}(V_B - V_{BE})}{(1+h_{FE})R_e + R_a//R_b} \tag{2-17}$$

S_V は（2）の自己バイアス回路とあまり変わらないが，S_h は同回路よりも改善される．

〈特徴〉
1. 回路は複雑
2. 直流損失も大きい
3. 安定度は最も良い
4. 最も多用されている

2-3　トランジスタ・FET の等価回路

　増幅回路等に使用されるトランジスタや FET 等の電子素子は等価回路に直して解析されることが多い．これは回路の動作機構を正確に理解したり，正確な解を容易に導出できるからである．等価回路に能動素子として用いられる信号電源は，図 2-13 に示す電圧源と電流源がある．電圧源は定電圧発生源と直列に内部抵抗 r_c を接続したもので，電流源は内部抵抗 ∞ の定電流発生源と並列に内部抵抗 r_c を接続したものである．これらを用いた等価回路としては，内部抵抗で表示をする T 形と

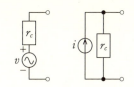

図 2-13　電圧源と電流源

外部からの電圧・電流のみの測定により特性を表す h パラメータの 2 種類が知られている．ここでは，実用的に使用されている h パラメータ等価回路について学習する．

（1）　h パラメータ等価回路

電子素子の入出力電圧・電流の測定により入出力の関係をパラメータで表現したもので，トランジスタを暗箱とすると暗箱回路（図 2-14（a））に対する表現式は以下のようになる．

$$v_i = h_i \cdot i_1 + h_r \cdot v_o \tag{2-18}$$

$$i_2 = h_f \cdot i_1 + h_o \cdot v_o \tag{2-19}$$

h_i，h_r，h_f，h_o は，それぞれ出力端短絡入力インピーダンス（Ω），入力端開放電圧帰還率，出力端短絡電流増幅率，入力端開放出力アドミッタンス（S）である．この表現を四端子回路で表示すると図 2-14（b）のような四端子網 h パラメータ等価回路となる．h は異なったディメンションの定数を混用させていることの hybrid から来ている．このパラメータは接地方式により値が異なるため，h_{fe} のように添え字を付けて区別するようにしている．この回路の特徴は，以下のとおりである．

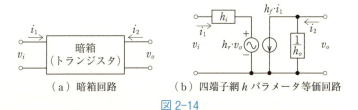

（a）暗箱回路　　　（b）四端子網 h パラメータ等価回路

図 2-14

〈特徴〉
- 高測定精度が得られる
- 静特性と密接に関係する
- 低周波回路で使用される

　実際のエミッタ接地増幅回路を例に取り上げよう．図2-15にその増幅回路とトランジスタ部のhパラメータ等価回路を示す．入力電圧と出力電流の関係は以下のように記述することができる．

$$v_i = h_{ie} \cdot i_b + h_{re} \cdot v_o \tag{2-20}$$

$$i_c = h_{fe} \cdot i_b + h_{oe} \cdot v_o \tag{2-21}$$

なお，hパラメータの添え字i, r, oは，それぞれinput, reverse, outputを，eはエミッタ接地を意味する．関係式からも明らかなように各hパラメータは以下のように定義される．

$$h_{ie} = \left. \frac{v_i}{i_b} \right|_{v_o=0} = \left. \frac{\Delta V_{BE}}{\Delta I_B} \right|_{V_{CE}=一定} [\Omega] \tag{2-22}$$

$$h_{re} = \left. \frac{v_i}{v_o} \right|_{i_b=0} = \left. \frac{\Delta V_{BE}}{\Delta V_{CE}} \right|_{I_B=一定} \tag{2-23}$$

$$h_{fe} = \left. \frac{i_c}{i_b} \right|_{v_o=0} = \left. \frac{\Delta I_C}{\Delta I_B} \right|_{V_{CE}=一定} \tag{2-24}$$

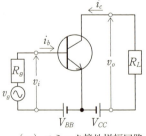
（a）エミッタ接地増幅回路

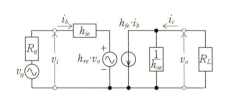
（b）hパラメータ等価回路

図2-15

$$h_{oe} = \left.\frac{i_c}{v_o}\right|_{i_b=0} = \left.\frac{\Delta I_C}{\Delta V_{CE}}\right|_{I_B=一定} [\mathrm{S}] \tag{2-25}$$

これらはトランジスタの $V_{BE}-I_B$, $V_{BE}-V_{CE}$, I_B-I_C, $V_{CE}-I_C$ 静特性（図2-16）から求められる．実際には h_{re} と h_{oe} は極めて小さく無視できるため，実用的に h_{ie} と h_{fe} を用いた近似等価回路（図 2-17）が使用される．

h パラメータを用いるとエミッタ接地増幅回路の入力インピーダンスは h_{ie} になり，コレクタ電流 i_c は $h_{fe} \cdot i_b$ に等しいから，電流増幅度はトランジスタのエミッタ接地電流増幅率 h_{fe} に等しく，電圧増幅度は以下のように表される．

$$A_i = \frac{i_c}{i_b} = h_{fe} \tag{2-26}$$

$$A_V = \frac{v_o}{v_i} = -\frac{R_L i_c}{h_{ie} i_b} = -h_{fe} \cdot \frac{R_L}{h_{ie}} \tag{2-27}$$

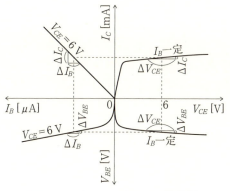

図 2-16　トランジスタの静特性

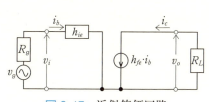

図 2-17　近似等価回路

（2）FET の等価回路

図 2-18 に示す FET 増幅回路を構成する FET の等価回路では，バイポーラトランジスタとは異なり，次の 3 つの定数が定義される．

①相互コンダクタンス　$g_m = \left.\dfrac{\Delta I_D}{\Delta V_{GS}}\right|_{V_{DS}=一定} [\mathrm{S}]$ （2-28）

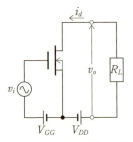

図 2-18　FET 増幅回路

②ドレーン抵抗　　　$r_d = \dfrac{\Delta V_{DS}}{\Delta I_D}\bigg|_{V_{GS}=一定} [\Omega]$　　　　(2-29)

③増幅率　　　　　$\mu = \dfrac{\Delta V_{DS}}{\Delta V_{GS}}\bigg|_{I_D=一定}$　　　　(2-30)

これら定数間には次の関係がある．

$$\mu = g_m \cdot r_d \qquad (2\text{-}31)$$

等価回路として表示する場合には，ゲート端子が高入力インピーダンスを有することからGは開放され，D-S 間の抵抗 r_d とゲート電圧 v_{gs} により制御されるドレーン電流 i_d を用いて定電流源あるいは定電圧源による等価回路（FET 部のみ）で表される（図 2-19）．

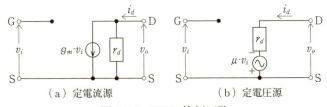

図 2-19　FET 等価回路

ソース接地 FET 増幅回路につき FET 等価回路を用いて等価回路表示すると図 2-20 のようになる．同図では FET にデプレッション形 FET を用い，R_g を介してGに 0 V がかかるように簡素化してバイアス電源を用いていないが，エンハンスメント形 FET を用いる場合にはGへのバイアス電源を必要とする．等価回路から出力電圧 v_o は，

28

$$v_o = -g_m \cdot v_i (r_d // R_L) \tag{2-32}$$

で表されることが分かる．したがって，電圧利得 A_V は，

$$A_V = \frac{v_o}{v_i} = -g_m(r_d//R_L) = -\frac{g_m r_d R_L}{r_d + R_L} = -\frac{\mu R_L}{r_d + R_L} \tag{2-33}$$

で表され，特に $r_d \gg R_L$ の場合には，

$$A_V \fallingdotseq -g_m R_L \tag{2-34}$$

と記載でき，電圧利得は負荷抵抗 R_L を g_m 倍したものになることが分かる．飽和領域では $g_m = \dfrac{W}{L} C_o \mu (V_{GS} - V_T)$ であるから，負荷抵抗および g_m を大きくすれば，高利得化が可能であることを意味している．

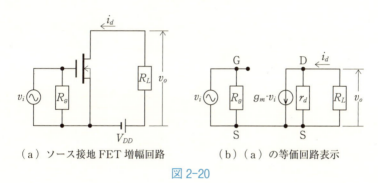

（a）ソース接地FET増幅回路　　（b）（a）の等価回路表示

図 2-20

章末問題 2

1. 図 2-21 のエミッタ接地回路における入力動作点 Q(I_B, V_{BE}), 出力動作点 P(I_C, V_{CE}) を求めなさい. Q, P を求めるに当たっては図 2-22 の静特性を用いなさい.

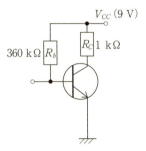

図 2-21 エミッタ接地回路

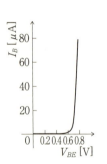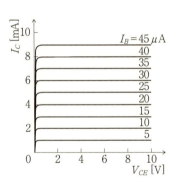

図 2-22 静特性 ($I_B - V_{BE}$, $I_C - V_{CE}$)

2. 図 2-23 の増幅回路について以下の問いに答えなさい. ただし, $I_C = 0.1\,\text{mA}$ の時の h 定数は $h_{fe} = 80$, $h_{ie} = 12\,\text{k}\Omega$ とし, $I_C = 3\,\text{mA}$ の時には $h_{fe} = 240$, $h_{ie} = 1.2\,\text{k}\Omega$ に変化するものとする. また, 動作点は $V_{BEQ} = 0.7\,\text{V}$, $I_{CQ} = 3\,\text{mA}$ とする.

    (1) 入力側動作点 I_{BQ} を求め, 直流負荷線, 交流負荷線を同一 $V_{CE} - I_C$ 特性グラフ上に描きなさい.

    (2) $15\,\text{mV}_{\text{p-p}}$ の入力信号 v_i に対する i_b, i_c, v_o の変化を $V_{BE} - I_B$, $V_{CE} - I_C$ 特性曲線上に描きなさい.

(3) 近似等価回路の（ ）内を埋めなさい．

(4) 電圧利得 A_V を近似等価回路から求めなさい．

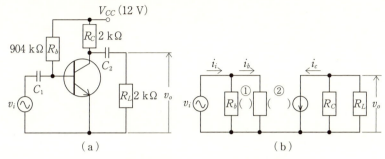

図 2-23　増幅回路（a）と近似等価回路（b）

3．$\Delta V_{BE} = 0.05\,\mathrm{V}$，$\Delta I_B = 0.01\,\mathrm{mA}$，$\Delta I_C = 1.8\,\mathrm{mA}$，$\Delta V_{CE} = 4.5\,\mathrm{V}$ の時，各 h パラメータを計算しなさい．

4．n チャネル MOSFET が図 2-24 に示す静特性を有する時，$V_{DS} = 4\,\mathrm{V}$，$V_{GS} = 0\,\mathrm{V}$ における g_m を求めなさい．

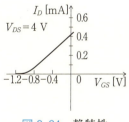

図 2-24　静特性

5．図 2-25 に示す回路の MOSFET は，$V_{GS} = -2\,\mathrm{V}$ の時 $V_{DS} = 8\,\mathrm{V}$，$V_{GS} = -1.6\,\mathrm{V}$ の時 $V_{DS} = 6\,\mathrm{V}$ になる．この場合の g_m を計算しなさい．

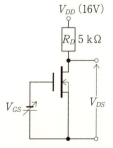

図 2-25　MOSFET 増幅回路

第3章

CR 結合増幅回路

　実際の増幅器の設計を行うには，安定性等の設計条件を考慮する必要がある．本章では，そのような視点から具体的な設計法を記述する．また，必要なレベルの利得を実現するために2段構成がよく用いられるが，このような複数段のアンプによる増幅器を構成した場合の周波数特性がどのように変化するかも学習する．

3-1 交流増幅回路のバイアス点設定法

　CR 結合の増幅器を設計する場合には，効率と安定性を考慮しながら最適な設計を目指すのが通常である．図 3-1 の回路は，バイアス安定化を考慮した負帰還形のバイアス回路で構成されている．この回路を動作させるうえでのバイアス設定法としては，最大交流振幅が得られるように，バイアス点を交流負荷線の中点に設定する．この場合，直流負荷線と交流負荷線は，それぞれ

$$V_{CC} = V_{CE} + (R_C + R_e)I_C \tag{3-1}$$

$$V_{CE} - V_{CEQ} = -(R_C//R_L)(I_C - I_{CQ}) \tag{3-2}$$

で与えられるが，交流負荷線は動作点 V_{CEQ} を通るから，(3-1)式の V_{CE} を V_{CEQ} にして(3-2)式に入れると，

$$V_{CE} - \{V_{CC} - (R_C + R_e)I_{CQ}\} = -(R_C//R_L)(I_C - I_{CQ}) \tag{3-3}$$

が得られる．P 点を交流負荷線の中点に設定することは，$V_{CE} = 0$ で $I_C = 2I_{CQ}$ に設定することを意味しているから，それを(3-3)式に入れてバイアス点を求めると，

$$I_{CQ} = \frac{V_{CC}}{R_C//R_L + R_C + R_e} \tag{3-4}$$

$$V_{CEQ} = (R_C//R_L) \cdot I_{CQ} = \frac{V_{CC}}{1 + \dfrac{R_C + R_e}{R_C//R_L}} \tag{3-5}$$

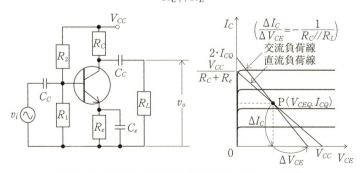

図 3-1　CR 結合交流増幅回路とバイアス条件

となる.

3-2 バイアス安定化のためのバイアス回路設計法

次に，バイアス回路を安定動作させるための設計法について述べる．2章で紹介した温度変化やトランジスタのバラツキによるパラメータ（β, V_{BE}, I_{CBO}）変動に対して性能が影響を受けにくいように，R_e を設計するのが基本である．図 3-2 の直流バイアス回路部分の等価回路上で $R_b = R_1 // R_2$，$V_{BB} = V_{CC}\dfrac{R_1}{R_1+R_2}$ と定義すると，コレクタ電流は，

$$I_C = \frac{V_{BB} - V_{BE} + (R_b + h_{IE} + R_e)\dfrac{I_{CBO}}{\alpha}}{\dfrac{R_b + h_{IE}}{\beta} + \dfrac{R_e}{\alpha}} \tag{3-6}$$

で与えられるが，入力インピーダンスが $R_b \gg h_{IE}$ の時には，$\beta \gg 1$，$\alpha \sim 1$，$I_{CBO} \sim 0$ であることを考慮すると，

$$I_{CQ} \fallingdotseq \frac{V_{BB} - V_{BE}}{\dfrac{R_b}{\beta} + R_e} \tag{3-7}$$

である．設計の考え方としては，β の影響をなくすように R_e を $\dfrac{R_b}{\beta}$ よりもはるかに大きく，すなわち通常 $R_e \sim 10 \cdot \dfrac{R_b}{\beta}$ に設計する．この場合,

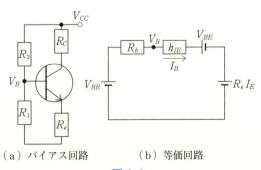

（a）バイアス回路　　（b）等価回路

図 3-2

$$I_{CQ} = \frac{V_{BB}-V_{BE}}{R_e} = \frac{V_{BB}-V_{BE}}{\dfrac{10R_b}{\beta}} \qquad (3\text{-}8)$$

となり，この式を満たすように R_1, R_2 を決定できる．

3-3 負帰還増幅回路

　安定動作を可能にする増幅回路としては，図 3-2 のバイアス回路でも紹介した帰還抵抗を用いる負帰還増幅回路が知られている．これをブロック構成で書き表すと図 3-3 に示すものとなる．帰還のない時の電圧利得を A_0，帰還回路の帰還率を β_f とすると，帰還増幅回路の電圧利得 A_{Vf} は，

$$A_{Vf} = \frac{A_0}{1-\beta_f \cdot A_0} \qquad (3\text{-}9)$$

で与えられる．A_{Vf} における添え字の f は，feedback を意味する．$\beta_f \cdot A_0 < 0$ の場合には帰還される電圧と入力電圧が逆位相となるため，入力よりも小さな減算信号を増幅部で増幅することとなり，出力信号が増え続けることはなくなる．このため安定した出力信号が得られる．このように逆位相で出力信号を戻して入力信号に加算するような構成を負帰還と称する．したがって，負帰還増幅回路では電圧利得は帰還をかけない場合よりも低下し，$A_{Vf} < A_0$ となる．この回路の利点を以下に示す．

① 周波数特性の改善

　　利得は $\dfrac{1}{1-\beta_f \cdot A_0}$ に減衰するものの，高域遮断周波数（カットオフ周波数）f_h は $1-\beta_f \cdot A_0$ 倍に拡大し，低域遮断周波数 f_l も $\dfrac{1}{1-\beta_f \cdot A_0}$ に低下する．

② 非直線歪みの改善

　　歪み V_n が $\dfrac{1}{1-\beta_f \cdot A_0} V_n$ に減少する．

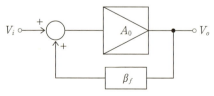

図 3-3　帰還増幅回路のブロック構成

③ 利得の安定性向上

$$\frac{dA_{Vf}}{dA_0} = \frac{1}{(1-\beta_f \cdot A_0)^2}$$ と(3-9)式より，$$\frac{dA_{Vf}}{A_{Vf}} = \frac{1}{1-\beta_f \cdot A_0}\frac{dA_0}{A_0}$$ となるため，利得変動は $\frac{1}{1-\beta_f \cdot A_0}$ だけ改善する．

④ 高入力インピーダンス化

帰還回路からの所定量が付加される．

このような負帰還増幅回路の具体的な回路として知られる電流帰還増幅回路を図3-4に示す．同図（b）には，入力バイアス回路を等価回路としても示した．エミッタ電流が流れると抵抗 R_e による負帰還がかかり，ベース・エミッタ間の電圧 v_{be} が $v_{be} = v_i - R_e \cdot i_e$ に減少する．入出力電圧はそれぞれ

$$v_i = h_{ie} \cdot i_b + R_e \cdot i_e \fallingdotseq (h_{ie} + h_{fe}R_e)i_b$$

$$v_o = -h_{fe}i_b(R_C//R_L)$$

で与えられることより，$v_o = -\dfrac{h_{fe}(R_C//R_L)}{h_{ie} + h_{fe}R_e}v_i$ と記載できる．したがって，電圧利得は，

$$A_{Vf} = \frac{v_o}{v_i} = -\frac{h_{fe}(R_C//R_L)}{h_{ie} + h_{fe}R_e} \tag{3-10}$$

となり，帰還抵抗 R_e のない場合に比べて分母における $h_{fe}R_e$ の項による分だけ減少することが分かる．また，入力インピーダンスは，入力バイアス回路の並列抵抗 R_b が大きいため，

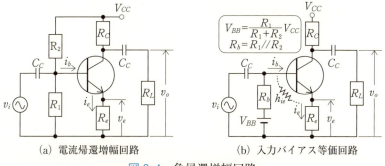

(a) 電流帰還増幅回路   (b) 入力バイアス等価回路

図 3-4　負帰還増幅回路

$$R_i = (h_{ie} + h_{fe}R_e)//R_b \sim h_{ie} + h_{fe}R_e \tag{3-11}$$

と近似できるから，帰還抵抗 R_e を h_{fe} 倍されたものが付加され，高入力インピーダンス化されることが分かる．なお，この負帰還増幅回路における帰還率 β_f は，

$$\beta_f = \left|\frac{v_e}{v_o}\right| = \left|\frac{R_e i_e}{-h_{fe}i_b(R_C//R_L)}\right| \doteqdot \frac{R_e}{R_C//R_L} \tag{3-12}$$

であり，帰還抵抗を出力インピーダンスで割ったものに等しい．また，帰還抵抗なしの場合の利得は $A_0 = -\dfrac{h_{fe}(R_C//R_L)}{h_{ie}}$ であるから，(3-9)式を用いても電圧利得式(3-10)を導出できることが分かる．

3-4 CR 結合多段増幅器と周波数特性

CR 結合増幅器としては通常 1 段のみでは利得が不足するため，2 段構成にする場合が多い．ここでは 2 段にした場合の利得と周波数特性について学習する．図 3-5 に示す増幅器の 1 段当たりの利得は $A_V = -A_i\dfrac{R_L}{R_i}$ であり，電流増幅度 $A_i \sim h_{fe}$ ($R_1//R_2$ は極めて大きいと仮定)，入力インピーダンス $R_i = R_1//R_2//h_{ie} \doteqdot h_{ie}$，初段の負荷インピーダンス $R_{L_1} = R_C//R_1//R_2//h_{ie}$，2 段目の負荷インピーダンス $R_{L_2} = R_C$ で与えられるから，中域周波数での全体の電圧利得は，

$$A_{Vt} = A_{V_1} \cdot A_{V_2} = \frac{h_{fe}(R_C//R_1//R_2//h_{ie})}{h_{ie}} \cdot \frac{h_{fe}R_C}{h_{ie}} \tag{3-13}$$

となる．すなわち全体の電圧利得は各アンプの利得の積に等しい．一方，周波数特

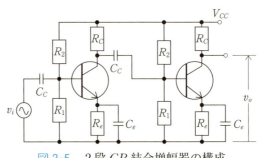

図 3-5　2 段 CR 結合増幅器の構成

性を考慮すると，初段および 2 段目の高域遮断角周波数を ω_{h1}, ω_{h2} として，

$$A_{Vt} = \frac{A_{V_1} \cdot A_{V_2}}{\left(1 + j\dfrac{\omega}{\omega_{h1}}\right)\left(1 + j\dfrac{\omega}{\omega_{h2}}\right)} \tag{3-14}$$

であるから，初段と 2 段目のアンプの特性が等しい（$A_{V_1} = A_{V_2}$, $\omega_{h1} = \omega_{h2}$）と仮定すると，

$$|A_{Vt}| = \frac{|A_{V_1}|^2}{1 + \left(\dfrac{\omega}{\omega_{h1}}\right)^2} \tag{3-15}$$

となり，全体の高域遮断角周波数を ω_h として，$\omega_h = \omega_{h1}\sqrt{\sqrt{2}-1} = 0.64\omega_{h1}$ が得られる．これは，アンプを 2 段従属接続構成とすることにより，利得は積で増大するものの，周波数帯域は 64％ 程度に減少することを意味している．

（1） 低域周波数での利得

低域では結合コンデンサのリアクタンスが大きくなり，利得低下が生じるほか，エミッタバイパスコンデンサのリアクタンスが大きくなることにより入力インピーダンスが増大して利得が低下する．図 3-6 における C_C の出力端子の電圧 v_o は，

$$v_o = \frac{R_i}{R_g + R_i + \dfrac{1}{j\omega C_C}} v_g = \frac{\dfrac{R_i}{R_g + R_i}}{1 + \dfrac{1}{j\omega C_C(R_g + R_i)}} v_g \tag{3-16}$$

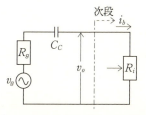

図 3-6　結合コンデンサの影響

で表されるから，v_o は結合コンデンサ C_C の影響を受けることが分かる．電圧利得 $A_V{}'$ は，

$$A_V{}' = \frac{v_o}{v_g} = \frac{\dfrac{R_i}{R_g + R_i}}{1 + \dfrac{1}{j\omega C_C (R_g + R_i)}} \tag{3-17}$$

となり，分母の複素項の絶対値が 1 に等しい時 $\left(\dfrac{1}{\omega C_C (R_g + R_i)} = 1\right)$ に低域遮断周波数 $f_l = \dfrac{1}{2\pi C_C (R_g + R_i)}$ を与える．この周波数よりも高い中域周波数では，$\dfrac{R_i}{R_g + R_i}$ の一定値になる．逆に，低い周波数での利得は $j\omega C_C R_i$ となり，入力信号周波数に比例して増加する．これは，周波数と共に 6 dB/oct で上昇することを意味している．低域遮断周波数 f_l では，一定値よりも 3 dB 下がった電圧レベルになる．

次に，図 3-7 に示すバイパスコンデンサを含む増幅部を元にエミッタバイパスコンデンサ C_e の影響を考察する．前段の出力インピーダンスを R_o，そのコレクタ電流を i_c，$R_e{}' = (1 + h_{fe})R_e$，$C_e{}' = \dfrac{C_e}{1 + h_{fe}}$ とすると，低域においても $R_e{}' \gg \left|\dfrac{1}{j\omega C_e{}'}\right|$ が成り立つから，ベース電流 i_b は，

$$i_b = \frac{R_o}{R_o + h_{ie} + R_e{}' // \left(\dfrac{1}{j\omega C_e{}'}\right)} i_c \fallingdotseq \frac{\dfrac{R_o}{R_o + h_{ie}}}{1 + \dfrac{1}{j\omega C_e{}' (R_o + h_{ie})}} i_c \tag{3-18}$$

で表される．したがって，電流利得は，

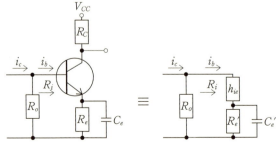

図 3-7　エミッタバイパスコンデンサの影響（一段増幅部と入力側等価回路）

$$\frac{i_b}{i_c} = \frac{\dfrac{R_o}{R_o + h_{ie}}}{1 + \dfrac{1}{j\omega C_e'(R_o + h_{ie})}} \tag{3-19}$$

となる．これより，分母の複素項の絶対値が1に等しい時 $\left(\left|\dfrac{i_b}{i_c}\right| = \dfrac{1}{\sqrt{2}}\right)$ に低域遮断周波数 $f_l = \dfrac{1}{2\pi C_e'(R_o + h_{ie})}$ を与える．この場合にも電流利得は周波数に比例しながら増大し，f_l 以上になると一定値に落ち着く．低域での利得は C_C と C_e の2つの効果の積で低下すると考えてよいが，設計する際には2つのキャパシタが低域の特性を支配することにも注意が必要である．

（2） 高域周波数での利得

高い周波数では配線部の対地に対する浮遊容量（Stray Capacitance）C_{st} が大きく影響するようになり，利得低下が生じる．リード線やIC・抵抗等の部品の対アース分布容量，アクティブ素子の入力容量が高域では無視できなくなることが起因している．図3-8に一段増幅部の出力端子の浮遊容量 C_{st} を考慮した交流回路モデルと等価回路を示す．電圧利得 $A_V{}'$ は，$R_o = R_L // R_C$，$g_m = \dfrac{h_{fe}}{h_{ie}}$ とおくと，

$$A_V{}' = \frac{v_o{}'}{v_i} = -\frac{g_m R_o}{1 + j\omega C_{st} R_o} \tag{3-20}$$

となる．低周波数領域での利得 $|A_V{}'|$ は $|-g_m R_o| = g_m R_o$ となる．分母の右辺の絶対値が1に等しくなる周波数 $f_h = \dfrac{1}{2\pi C_{st} R_o}$ の時に高域遮断周波数を与え，これ以上の周波数では6 dB/octで利得が低下することを示す．

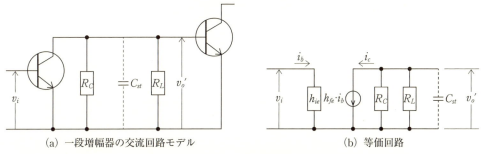

図 3-8　一段増幅器

（3） ミラー効果

高い周波数域では，もう一つ利得を低下させる要因がある．それはミラー容量である．図3-9に示す利得 A_V の増幅器を構成するトランジスタのC-B間の容量 C_C に蓄積される電荷は，

$$q_o = C_C\{v_i - (-v_o)\} = C_C(1 + A_V)v_i \tag{3-21}$$

であることから，入力から出力端を見た等価容量 C_2' は，対地容量 C_e を除くと，

$$C_2' = \frac{q_o}{v_i} = C_C(1 + A_V) \tag{3-22}$$

となる．すなわち，トランジスタの入力端から出力端を見た極間容量は $1 + A_V$ 倍されて見える．これは，入力信号の遷移に対して出力がダイナミックに反転するために起こる現象であり，このような現象をミラー効果といい，C_2' をミラー容量という．このミラー容量により，①高域の周波数特性が劣化する，②誘導性負荷時には不安定動作が引き起こされる，という問題が生じる．

通常，$C_C \sim 1\,\mathrm{pF}$ 程度，$A_V = 10 \sim 20$ 程度なので，$C_2' \sim$ 数十 pF になる．この場合，トランジスタの入力端から見た浮遊容量 C_{st} は以下のように計算される．

$$C_{st} = C_e + C_2' = C_e + C_C(1 + A_V) \fallingdotseq C_C(1 + A_V) \tag{3-23}$$

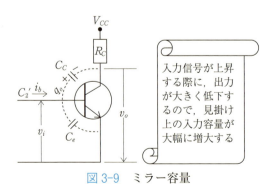

図3-9　ミラー容量

（4） 電圧利得の周波数特性と位相

これまで学習してきた利得の周波数特性を位相特性と併せて，以下に考察する．

低域特性：(3-17)式を踏まえ，負荷インピーダンスを R_o とすれば，$A_V = -h_{fe}\dfrac{R_o}{h_{ie}}$ であり，結合コンデンサ容量 C_c を考慮した増幅器1段当たりの電圧利得は，

$$A_V' = \dfrac{A_V}{1 + \dfrac{1}{j\omega C_c(R_g + R_i)}}$$

と書ける．$\omega_l = \dfrac{1}{C_c(R_g + R_i)}$ とおくと，

$$A_V' = \dfrac{A_V}{1 - j\dfrac{\omega_l}{\omega}} \tag{3-24}$$

となる．この利得と位相特性を図3-10に示す．

高域特性：(3-20)式で $A_V = -g_m R_o$，$\omega_h = 2\pi f_h = \dfrac{1}{C_{st} R_o}$ とおくと，

$$A_V' = \dfrac{A_V}{1 + j\dfrac{\omega}{\omega_h}} \tag{3-25}$$

と書ける．A_V の位相は入力信号に対して π だけ遅れているから，A_V' の位相遅れ θ は

$$\theta = \tan^{-1}\left(-\dfrac{\omega}{\omega_h}\right) - \pi \tag{3-26}$$

となる．図3-11に増幅器1段の利得 $|A_V'|$ と位相 θ の周波数特性を併せて示す．

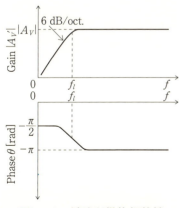

図 3-10　低域利得位相特性

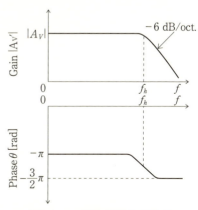

図 3-11　高域利得位相特性

図 3-10,図 3-11 の低域と高域特性を統合したものを図 3-12 に示す．低域での位相は中域での位相遅れ $-\pi$ よりも進み，高域では $-\pi$ よりもさらに遅れるようになる．その様子につき理解を深めるために，時間軸上でのアンプ出力信号がどのように現れるかを図 3-13 に示す．

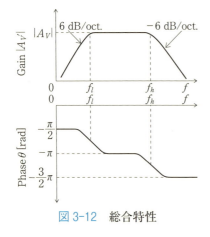

図 3-12　総合特性

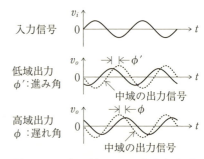

図 3-13　時間軸上での出力信号位相遅れ・進み特性

章末問題3

1. 図 3-14 に示す回路で，最大振幅を与えるバイアス条件 V_{CEQ}, I_{CQ} を求めなさい．また，これを与える R_1, R_2 を決定しなさい．ただし，$\beta = 50$, $V_{BE} = 0.7\,\text{V}$, $R_b = R_1 // R_2 = \dfrac{1}{10}\beta R_e$ とする．

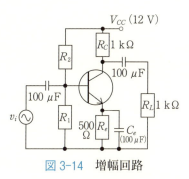

図 3-14　増幅回路

2. 図 3-15 に示す回路における電圧利得 A_{Vf}, 入力インピーダンス R_i を求めなさい．また，R_e がない場合と比較しなさい．ただし，$\beta = h_{fe} = 100$, $V_{BE} = 0.7\,\text{V}$, $h_{ie} = 818\,\Omega$ とする．

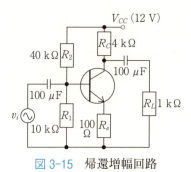

図 3-15　帰還増幅回路

3. CR 結合増幅器でトランジスタの極間容量が $C_C = 0.5\,\text{pF}$, 中域での利得が $A_V = 29.5\,\text{dB}$ の時の浮遊容量 C_{st} を求めなさい．

4. 低域遮断周波数 $f_l = 100\,\text{Hz}$, 高域遮断周波数 $f_h = 500\,\text{kHz}$, 中域利得 $|A_V| = 20\,\text{dB}$ として CR 結合増幅器の利得 $|A_V'|$ と位相 θ の周波数特性を描きなさい．

第 4 章

FET アンプ

　近年 IC 化の進展と共に試作の容易性から MOSFET を用いた増幅器を用いることも多くなっており，その重要性も増してきている．ここでは，バイポーラトランジスタとは本質的に異なる電圧駆動という性質を理解しながら，その設計を行う際の考え方や等価回路の考え方について学ぶ．また，高利得化を実現するための回路としてのカスコード構成についても学習する．

4-1 ソース接地 FET 増幅回路の構成とバイアス設定法

MOSFET は G-S 間に加えるゲート電圧 V_{GS} によりドレーン電流を制御する電圧駆動型の素子である．ゲートの入力インピーダンスは極めて高いので，ゲート端子へは静的に電流は流れない．したがって，(4-1)式のようにしきい値電圧 V_T 以上のバイアス V_{GSQ} を含めた信号電圧 v_i を G-S 間に加えることによりゲートにおける非線形な信号歪みは生ぜず，第1章に述べた MOSFET の特性に応じて I_D を変えられる．

$$v_{GS} = v_i + V_{GSQ} > V_T \tag{4-1}$$

これにより，抵抗を付加して電圧に変換することにより出力電圧を得ることができる．MOSFET を用いた増幅回路においても，バイポーラトランジスタの増幅器と同様に，バイアスを付与してバイアス点を中心に交流的に変化させるのが基本である．具体的には，図 4-1 の増幅回路における出力のバイアス電圧・電流を (V_{DSQ}, I_{DQ}) とすると，I_{DQ} を中心にドレーン電流 i_d が変化し，この i_d に対応してドレーン電圧が D-S 間のバイアス電圧 V_{DSQ} を中心に交流変化分 v_o として変化することになる．言い換えると，ドレーン電圧 v_{DS} は，

$$v_{DS} = V_{DSQ} + v_o = V_{DD} - R_L(i_d + I_{DQ}) \tag{4-2}$$

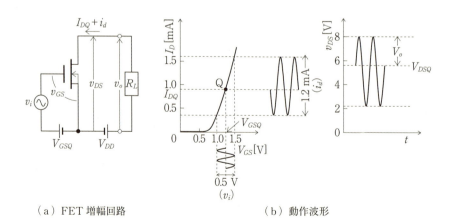

(a) FET 増幅回路　　　　　　　(b) 動作波形

図 4-1

と記載できる．ここに，$V_{DSQ} = V_{DD} - R_L I_{DQ}$ だから，交流信号出力 v_o は，

$$v_o = -R_L i_d \tag{4-3}$$

となり，ドレーン電流変化分と負荷抵抗に比例することが分かる．例えば，入力信号電圧 $v_i = V_i \cdot \sin\omega t$ の時の交流出力は $v_o = -V_o \cdot \sin\omega t$ となり，図 4-1 に示すように位相が反転された波形として出力される．

(1) バイアス点の設定法

バイアスはバイポーラトランジスタ回路と同様に最適な値に設定することが必要である．出力回路の負荷直線は，$V_{DS} = V_{DD} - R_L I_D$ より，

$$I_D = \frac{V_{DD} - V_{DS}}{R_L} \tag{4-4}$$

で与えられる．これを図 4-2 の FET の I_D-V_{DS} 特性上に重ねて示す．この負荷直線と FET の I_D-V_{DS} 特性の交点が動作点（バイアス点）Q になり，これを V_{DS} の変化の中心値 $V_{DSQ} = \dfrac{V_{DD}}{2}$ に選ぶと，V_{DS} の変化を最大にできる．これは，負荷直線の中点 Q をバイアス点に設定することを意味する．このようなバイアス設定法を最適バイアスという．バイアス点を Q に設定するには，Q 点の I_{DS} が流れるよ

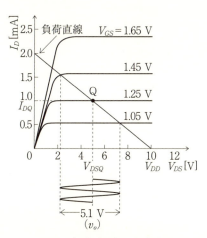

図 4-2　負荷直線と出力信号

うに V_{GS} をバイアス電圧 V_{GSQ} に定めればよい．図4-2の例では，ゲートへのバイアス電圧を $V_{GSQ} = 1.25\,\mathrm{V}$ とし，ゲートへの交流入力信号が $V_{GS} = 1.05\sim1.45\,\mathrm{V}$ の範囲で供給されており，$(0\,\mathrm{V},\ 2\,\mathrm{mA})$ と $(10\,\mathrm{V},\ 0\,\mathrm{mA})$ を通る負荷直線上の中点 $(5\,\mathrm{V},\ 1.0\,\mathrm{mA})$ を動作点にして，$V_{DS} = 2.3\sim7.4\,\mathrm{V}$ の範囲で変化する出力信号 v_o が得られる様子を示している．

（2） 実用ソース接地増幅回路と近似解析

実用的なソース接地増幅回路としては，単一電源を用いた図4-3のものが使われる．電源 V_{DD} を分圧してゲートバイアスを与え，CR 結合型としたソース接地増幅回路である．この回路ではゲートバイアスは次式で与えられる．

$$V_{GSQ} = \frac{R_1}{R_1 + R_2} V_{DD} \tag{4-5}$$

次に利得を解析するのに便利な手法として，微小信号に対する近似的な回路解析を試みる．第1章に述べたとおりMOSFETのドレーン電流 i_D は，

$$i_D = \frac{\beta}{2}(v_{GS} - V_T)^2$$

で与えられる．ただし，$\beta = \dfrac{W}{L} C_0 \mu$ である．ここで，$v_{GS} = V_{GSQ} + v_i$ であるから，

$$\begin{aligned} i_D &= \frac{\beta}{2}(V_{GSQ} + v_i - V_T)^2 \\ &= \frac{\beta}{2}\{(V_{GSQ} - V_T)^2 + 2(V_{GSQ} - V_T)v_i + v_i^2\} \end{aligned} \tag{4-6}$$

となる．入力信号の振幅が小さく，$v_i \ll V_{GSQ} - V_T$ と仮定できるならば，

$$i_D \fallingdotseq \frac{\beta}{2}\{(V_{GSQ} - V_T)^2 + 2(V_{GSQ} - V_T)v_i\} \tag{4-7}$$

と近似できる．ここで，ドレーン電流変位のゲート電圧変化に対する割合は相互コンダクタンス g_m として知られており，バイアス点近傍では $g_m = \dfrac{di_D}{dv_i}$

第 4 章　FET アンプ

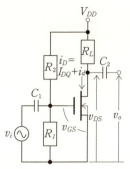

図 4-3　実用ソース接地 FET 増幅回路

$= \beta(V_{GSQ} - V_T)$ であるから，$i_D = I_{DQ} + g_m v_i$ と書ける．この式から g_m はバイアス点における I_D-V_{GS} 特性の傾きに等しく，微小信号においてはこの MOSFET 特性は直線近似できることが分かる．

図 4-3 の回路におけるドレーン電圧 v_{DS} は次式で示される．

$$v_{DS} = V_{DD} - R_L i_D = V_{DD} - R_L(I_{DQ} + g_m v_i) = V_{DSQ} - g_m R_L v_i \quad (4\text{-}8)$$

したがって，コンデンサを介した出力としてはバイアス分が除去されるため，$v_o = -g_m R_L v_i$ となる．したがって，電圧利得 A_V は，

$$A_V = -g_m R_L \quad (4\text{-}9)$$

の簡単な式で表される．これは，2 章の FET の等価回路から得た (2-34) 式と一致する．

4-2　ゲート接地回路負荷カスコード回路

(1)　ゲート接地回路

図 4-4 にゲート接地回路を示す．ゲートを C_1 を介して交流的に短絡し，入力信号をソースから供給するようにしたものである．直流的にはソース接地回路と全く同じなので，バイアス設定は同様に扱えばよい．この回路での入力インピーダンスは入力端子のソースに電流が流れるためソース接地回路に比べて小さくなる（$Z_{in} = \dfrac{1}{g_m}$）．入出力電流が同じであることが特徴である．また，出力電圧が，

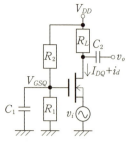

図 4-4 ゲート接地回路

$$v_o = -R_L \cdot i_d = g_m R_L v_i$$

で与えられるから，電圧利得 A_V は，

$$A_V = g_m R_L \tag{4-10}$$

となる．ソース接地の場合と符号が逆で，同じ大きさを有しているから，非反転出力が得られることが分かる．本ゲート接地回路は，低抵抗入力，高抵抗出力への変換機能を備えていることから，負荷を大きくすることで利得を十分大きくすることが可能である．電圧増幅を行う基本回路はソース接地回路であり，ソース接地回路と同じ利得を有するゲート接地回路はそれとの組み合わせで使用されるとメリットが生かされる．

（2） カスコード増幅回路

電圧増幅にはソース接地回路が使われるのが基本である．図 4-5 にゲート接地と組み合わせたカスコード増幅回路を示す．MOSFET M_1 にゲート接地回路 M_2 を接続してある．R_1，R_2，R_3 はバイアス用の抵抗である．M_2 の入力インピーダンス ($\frac{1}{g_{m2}}$) は M_1 のドレーン抵抗 r_{d1} よりも十分小さいことから，M_1 のドレーン電流 i_{d1} は全て M_2 のソースに流れて

$$i_{d2} = i_{d1} = g_{m1} v_i \tag{4-11}$$

であり，出力電圧は，

$$v_o = -R_L i_{d2} = -g_{m1} R_L v_i \tag{4-12}$$

第4章 FETアンプ

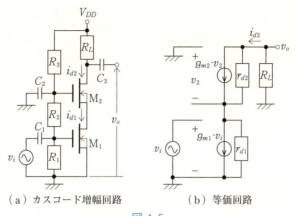

(a) カスコード増幅回路 (b) 等価回路

図 4-5

となる。したがって、電圧利得は、

$$A_V = -g_{m1}R_L \qquad (4\text{-}13)$$

となる。このように、A_V はソース接地回路と変わらず g_{m1} と R_L のみで決まる。

一方、R_L を除いて M_2 のドレーンから見た出力抵抗は $R_{out} = r_{d2} + (1 + g_{m2} \cdot r_{d2})r_{d1} \fallingdotseq g_{m2} \cdot r_{d2} \cdot r_{d1}$ となり、高抵抗を実現できることを意味している。したがって、図 4-6 に示すような理想的な定電流源を付加した場合には、

$$A_V = -g_{m1}R_{out} = -g_{m1} \cdot g_{m2} \cdot r_{d2} \cdot r_{d1} \qquad (4\text{-}14)$$

となり、カスコード回路の電圧利得は 1 段の最大ゲイン μ の 2 乗で増大することに

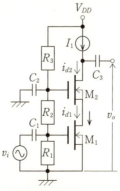

図 4-6 定電流源負荷カスコード回路

なる．このように，ソース接地回路にゲート接地回路を負荷するカスコード接続構成とすることにより，大きな利得を得ることが可能となる．また，カスコード数をさらに増やし，定電流源の負荷を十分高くすることで，利得を μ の 3 乗以上で増大することができる．

4-3 ドレーン接地回路

(1) バイアス

図 4-7 に MOSFET を用いたドレーン接地回路を示す．D に電源 V_{DD} が直接つながれているため，ドレーン接地回路になっている．バイアスは以下のように求める．すなわち，$V_{GS} = \dfrac{R_1}{R_1 + R_2} V_{DD} - R_L I_D$ より，負荷直線は，

$$I_D = \dfrac{\dfrac{R_1}{R_1 + R_2} V_{DD} - V_{GS}}{R_L} \tag{4-15}$$

で与えられる．これと V_{GS}-I_D 特性曲線との交点が動作点になる．

(2) 交流信号に対する性能

FET の出力抵抗 r_d が十分大きい場合には図 4-7 のように等価回路を書ける．入力インピーダンス Z_{in} はバイアス設定用の抵抗のみで決まり，$Z_{in} = R_1 // R_2$ であ

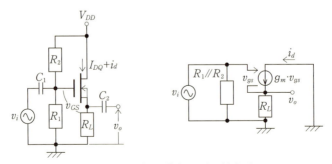

図 4-7　ドレーン接地回路（左）と等価回路（右）（$v_{GS} = V_{GSQ} + v_{gs}$）

る.

また，出力電圧 v_o は $v_o = g_m v_{gs} R_L$, $v_{gs} = v_i - v_o$ であるから，電圧利得 A_V は，

$$A_V = \frac{v_o}{v_i} = \frac{g_m R_L}{1 + g_m R_L} \tag{4-16}$$

となる．$g_m R_L \gg 1$ に選ぶと，$A_V \sim 1$ となる．出力抵抗が $\frac{1}{g_m}$ と小さいのに対して，入力インピーダンス Z_{in} が大きい．したがって，増幅機能はなく，インピーダンス変換機能を備えた電圧バッファの役割を担うことが分かる．これをソースフォロアと呼んでいる．

章末問題 4

1. ソース接地増幅回路で $V_{GSQ} = 2\,\mathrm{V}$ が得られるようにバイアス抵抗 R_1, R_2 を設計しなさい．ただし，$V_{DD} = 10\,\mathrm{V}$, $R_1 // R_2 = 100\,\mathrm{k\Omega}$ とする．
2. 図 4-3 のソース接地増幅回路における FET の定数が $\beta = 4 \times 10^{-3}\,\mathrm{A/V^2}$, $V_T = 0.8\,\mathrm{V}$，負荷抵抗 $R_L = 2\,\mathrm{k\Omega}$ の時，$V_{GSQ} = 2\,\mathrm{V}$ における g_m および電圧利得 A_V を計算しなさい．
3. MOSFET が図 4-2 の特性を有する時，ドレーン接地回路での $R_L = 4\,\mathrm{k\Omega}$ における最適なバイアス点を求めなさい．ただし，$V_{DD} = 10\,\mathrm{V}$ とする．
4. ドレーン接地回路で電圧利得を 0.98 にするための条件を求めなさい．

#　第 5 章

OP アンプ

　周波数特性や安定性の点で性能的に優れた OP アンプが多くのアナログ信号処理回路に使われてきている．ここでは，その構成要素の差動増幅回路から学習し，OP アンプの構成・特徴や OP アンプの応用回路についても学ぶ．また，近年アナログ信号処理回路にも MOS を用いた IC が使われ始め，その多くは OP アンプを主体とした IC を基本としている．そこで CMOS OP アンプについても学習する．

5-1 差動増幅回路

増幅回路のようなアナログ回路も装置の小型化に伴い，IC化への要求が強い．CR結合増幅器は20～100 µFの大容量の阻止コンデンサやバイパスコンデンサを構成要素として用いるため，IC化が不可能である．したがって，アンプとしてもICに適した直結型回路が望まれる．図5-1に示した単純な直結型回路は温度変動に伴うドリフトが大きいという欠点がある．入力換算ドリフトでは数mV以上ある．このような大きなドリフトを軽減するゼロ点ドリフト低減法として考案されたのが平衡型回路として知られる差動増幅回路である．これは，1段に2個の同形の増幅デバイスをペアで使用し，これによりゼロ点ドリフトを$\frac{1}{10}$以下に抑止できるものである．基本的なブロック構成を図5-2に示す．

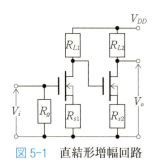 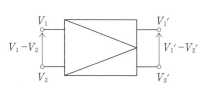

図 5-1　直結形増幅回路　　図 5-2　差動増幅回路のブロック構成

サプリメント

ゼロ点ドリフト現象は，
　①増幅デバイスの温度変化
　②長時間の特性変動
　③電源電圧の変化
の要因により，入力ゼロ時の出力が初期値からずれる現象をいう．このドリフトの大きさは，出力のずれの入力換算値＝出力のふらつき／電圧利得で表される．

(1) 基本回路

[構成] 2入力端子と2出力端子からなり,2つの入力信号の差(逆相入力 $V_1 - V_2$)に対する2つの信号の差(逆相出力 $V_1' - V_2'$)として増幅を行うもので,同相成分については同相入力 $\left(\dfrac{V_1 + V_2}{2}\right)$ に対する同相出力 $\left(\dfrac{V_1' + V_2'}{2}\right)$ として性能評価に用いる.電圧利得は以下のように定義されている.

差動利得:$A_d = \dfrac{V_1' - V_2'}{V_1 - V_2}$

同相利得:$A_a = \dfrac{V_1' + V_2'}{V_1 + V_2}$

図5-3にバイポーラトランジスタによる基本回路の構成を示す.2つのエミッタ接地回路を共通のエミッタ抵抗あるいは電流源に接続したもので,直流的に0Vの入力で動作するように V_{CC} と $-V_{EE}$ の2電源が供給されている.このような構成により,ドリフト電圧が互いに打ち消されて出力に生じないのが特徴である.すなわち,出力直流電圧 $V_1' - V_2' = 0\,\mathrm{V}$ となる.

次に,基本回路の差動利得と同相利得を導出する.図5-4に示した入力等価回路から,

$$V_1 = \left(\dfrac{R_b}{h_{fe}+1} + h_{ib}\right)I_{e1} + R_e(I_{e1} + I_{e2}) \tag{5-1}$$

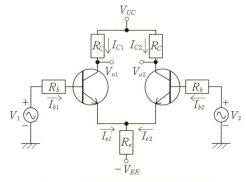

図5-3 差動増幅回路の基本構成

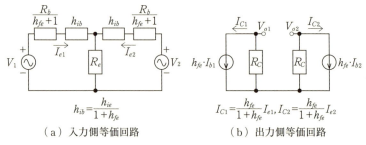

(a) 入力側等価回路　　　(b) 出力側等価回路

図 5-4

$$V_2 = \left(\frac{R_b}{h_{fe}+1} + h_{ib}\right)I_{e2} + R_e(I_{e1} + I_{e2}) \tag{5-2}$$

であるから，$\alpha = R_e + h_{ib} + \dfrac{R_b}{h_{fe}+1}$，$\beta = R_e$ とおくと，

$$V_1 = \alpha I_{e1} + \beta I_{e2}$$

$$V_2 = \beta I_{e1} + \alpha I_{e2}$$

と書き換えられる．これより I_{e1} と I_{e2} を V_1，V_2 の関数で表すと，

$$I_{e1} = \frac{-\alpha V_1 + \beta V_2}{\beta^2 - \alpha^2}$$

$$I_{e2} = \frac{\beta V_1 - \alpha V_2}{\beta^2 - \alpha^2}$$

と書ける．したがって，同図の出力等価回路から得られる出力電圧 V_{o1}，V_{o2} は，

$$V_{o1} = -R_C \cdot I_{C1} = -R_C \cdot \frac{h_{fe}}{1+h_{fe}} I_{e1} = -R_C \cdot \frac{h_{fe}}{1+h_{fe}} \frac{-\alpha V_1 + \beta V_2}{\beta_2 - \alpha_2} \tag{5-3}$$

$$V_{o2} = -R_C \cdot I_{C2} = -R_C \cdot \frac{h_{fe}}{1+h_{fe}} I_{e2} = -R_C \cdot \frac{h_{fe}}{1+h_{fe}} \frac{\beta V_1 - \alpha V_2}{\beta_2 - \alpha_2} \tag{5-4}$$

となる．これらを元に導出すると，同相出力と差動出力は，

$$V_{o1} + V_{o2} = -R_C \cdot \frac{h_{fe}}{1+h_{fe}} \frac{V_1+V_2}{\alpha+\beta} \fallingdotseq -\frac{R_C}{2R_e + h_{ib} + \dfrac{R_b}{h_{fe}+1}} (V_1+V_2) \quad (5\text{-}5)$$

$$V_{o1} - V_{o2} = -R_C \cdot \frac{h_{fe}}{1+h_{fe}} \frac{V_1-V_2}{\alpha-\beta} \fallingdotseq -\frac{R_C}{h_{ib} + \dfrac{R_b}{h_{fe}+1}} (V_1-V_2)$$

$$= -\frac{(h_{fe}+1)R_C}{h_{ie}+R_b}(V_1-V_2) \quad (5\text{-}6)$$

であり，<u>差動出力は入力電圧差に比例し，この電圧差を1段当たりの電圧利得倍したものに等しい</u>ことが分かる．したがって，

$$A_d = \frac{V_{o1}-V_{o2}}{V_1-V_2} = -\frac{(h_{fe}+1)R_C}{h_{ie}+R_b} \fallingdotseq -\frac{h_{fe}R_C}{h_{ie}+R_b} \quad (5\text{-}7)$$

$$A_a = \frac{V_{o1}+V_{o2}}{V_1+V_2} = -\frac{R_C}{2R_e + h_{ib} + \dfrac{R_b}{h_{fe}+1}} \quad (5\text{-}8)$$

が得られ，<u>差動利得は1段当たりの電圧利得に等しい</u>と言える．

A_a が十分抑圧されていない場合には，同相入力に対し出力の動作点がずれるため増幅用デバイスは飽和しやすい．すなわち，理想的な差動増幅器の構成としては，(5-8)式から

- $\boxed{A_d\text{ が大きく，}A_a\text{ の小さいものが良い}}$
- $\boxed{A_a\text{ を小さくするには，エミッタ抵抗 }R_e\text{ を大きくすればよい}}$

ことが分かる．

（2） 弁別比

次に，差動増幅器の性能の良さを表す基準として知られる弁別比を以下に示す．これは，同相成分抑圧の程度を表す指標であり，同相成分除去比：common mode rejection ratio（CMRR）ともいわれる．

$$\text{弁別比 CMRR} = \frac{\text{差動利得}}{\text{同相利得}} = \frac{A_d}{A_a} = \frac{2R_e + h_{ib} + \dfrac{R_b}{h_{fe}+1}}{h_{ie}+R_b}(h_{fe}+1)$$

今，$R_e \gg h_{ib} + \dfrac{R_b}{h_{fe}+1}$ に設定すれば，

$$\text{CMRR} = \frac{2R_e}{h_{ie}+R_b}(h_{fe}+1) \fallingdotseq \frac{2R_e h_{fe}}{h_{ie}+R_b} \tag{5-9}$$

すなわち，エミッタ抵抗 R_e を大きくすれば，CMRR を大きくすることができることを示している．しかし，R_e を大きくすると，ベース電流，コレクタ電流が減少し，交流信号の動作振幅（ダイナミックレンジ（DR））が抑えられるから R_e を過剰に大きくはできない．

（3） 定電流源回路

そこで，前述の問題の解決方法として，図 5-5 のように R_e の代替として定電流回路を挿入する手法が知られている．この回路では，ZD により B-E 間が固定電位に固定されるためベース電流 I_B が一定，すなわちコレクタ電流 I_C も一定（定電流

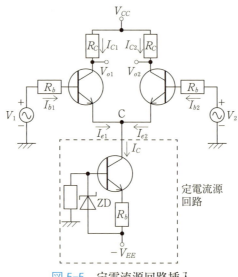

図 5-5　定電流源回路挿入

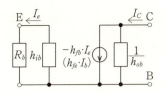

図 5-6　定電流源回路の等価回路

源）となる．端子 C から見た定電流源回路の等価回路を参照する（図 5-6）と，ベース接地トランジスタの出力抵抗 $\frac{1}{h_{ob}}$ がコレクタ端子 C から見えるのみとなる．この値は $10^6\,\Omega$ 程度と非常に高いインピーダンスであるから，これを挿入することにより DR の抑止も生じなくなる．このため，この回路を用いることにより CMRR を著しく大きくできる．

5-2　OP アンプ

　直流成分までをも増幅することのできる差動増幅器を使用したアンプとして OP アンプ（オペアンプ，演算増幅器ともいう）が幅広く用いられている．OP アンプには，図 5-7 に示すような表記記号が用いられ，電源の表記は省略される．このアンプは，反転入力と非反転入力の 2 入力端子間に加えられた電圧を増幅する差動入力形－直結形構成の高ゲインアンプである．電圧増幅度を A，e_1，e_2 をそれぞれ反転入力（－），非反転入力（＋）に加えられた入力電圧とすると，出力電圧 e_o は，$e_o = A(e_2 - e_1)$ で書き表せる．この素子は IC 化されており，かつてはアナログ計算機の構成要素として使われていたが，近年線形・非線形演算を行えるデバイスとして各種演算，能動フィルタ，A/D 変換，変復調，安定化電源等多くの応用分野に適用されている．これらは，R，C，D の要素を用いた帰還増幅器により構成されている．

　図 5-8 にバイポーラトランジスタからなる基本構成を示す．反転入力（－）と非

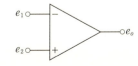

図 5-7　OP アンプの表記記号

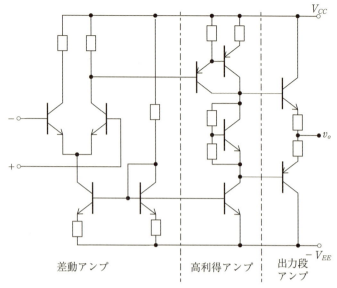

図 5-8　OP アンプの基本構成

反転入力（+）を有し，反転入力に印加された信号を増幅後逆相で出力するものであるが，差動アンプ，高利得アンプ，出力段アンプから構成される．差動アンプには，高 CMRR を実現するために定電流源回路を使用している．高利得アンプは，エミッタ接地増幅器および出力段のトランジスタを適切に駆動するために挿入したレベルシフト回路で構成されている．出力段アンプは，正負の出力を得るために，pnp と npn の相補トランジスタ構成からなり，いずれもエミッタフォロアにより低出力インピーダンス化を図って高い駆動電流を供給できるようにしている．OP アンプの特徴を以下に示す．

［特徴］
① 入力インピーダンスが非常に高い（〜 MΩ）
② 出力インピーダンスが低い（数 Ω 〜数十 Ω）
③ 高電圧利得（$A = 60 \sim 120 \, \mathrm{dB}$）
④ 帰還回路を組み合わせ，帰還回路の特性で全体特性を決めるべく動作させる高利得アンプ
⑤ 低域カットオフ周波数が 0 Hz の直流電圧増幅器

このような特徴を備えているが，実際に使用に当たっての考慮すべき項目として

は，オフセット，スルーレート，周波数特性等の項目もある．

（1）オフセット電圧・電流

入力がない場合においても入力部の差動増幅回路の不均衡にからんで，出力端子にオフセット電圧が現れることがある．このオフセット電圧もドリフトと同じように開ループ利得で割って入力換算した値で表している．また，差動入力のバイアス電流にわずかな相違がある場合には，出力にオフセット電圧が生じる．この電圧を0にするために，入力バイアス電流に差を設ける．これを入力換算オフセット電流と称している．

これらのオフセット電圧・電流を小さくするために，入力端子間にオフセット補償回路を設けて，打ち消すようにしているものもある．通常のOPアンプでは数mV以下，数十nA程度であり，実用上あまり問題になることは少ない．

（2）スルーレート

OPアンプに通常 1 V_{0-p} 程度の方形波入力（ステップの振幅は一義的ではない）を加えた時の出力 v_o で，1 μs 当たりに変化する最大の傾き（初期レベルから平衡レベルまでの変位幅の 10％－90％）をスルーレート（SR）と称している．図 5-9 にステップ応答の一例を示す．

$$\mathrm{SR} = \frac{dv_o}{dt}|_{\max} \ [\mathrm{V/\mu s}] \tag{5-10}$$

入力信号として振幅や周波数が高い正弦波では，問題になりやすい．例えば，出力信号 $v_o = V \sin \omega t$ の時，$\dfrac{dv_o}{dt} = \omega V \cos \omega t$ より，

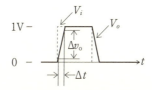

図 5-9　スルーレート測定用ステップ応答

$$\mathrm{SR} = \omega V \tag{5-11}$$

となり，出力信号の変化率の最大値 ωV が OP アンプのスルーレートを超えると，v_o の波形がなまるようになる．SR は周波数帯域との相関が高いので，この現象を避けるには高帯域化が必要である．

（3） 周波数特性

現実の OP アンプは図 5-10 に示すように高い周波数にて利得が $-6\,\mathrm{dB/oct.}$〜$-18\,\mathrm{dB/oct.}$ で減衰し，クロスオーバ周波数（ユニティゲイン周波数ともいう）f_u で $0\,\mathrm{dB}$ になる特性を示す．利得が $-3\,\mathrm{dB}$ 低下する周波数 f_h を帯域幅と称している．減衰特性は増幅段の段数 n が多くなると複雑になるが，低域の $-6\,\mathrm{dB/oct.}$ から高域になるに伴い $-6 \times n\,\mathrm{dB/oct.}$ の減衰特性に近づく．これは，IC 内部のトランジスタの出力抵抗と配線の分布容量や負荷容量の回路系が形成する積分回路により高域で特性が劣化するためである．

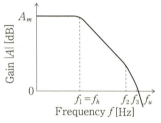

図 5-10　利得周波数特性

（4） 理想 OP アンプ

OP アンプの等価回路は図 5-11 に示すように，電圧利得 A，入力抵抗 R_i，出力

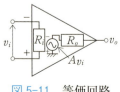

図 5-11　等価回路

抵抗 R_o のアンプとして記載されるが，通常，$A = \infty$, $R_i = \infty$, $R_o = 0$, 帯域幅 $= \infty$, オフセット電圧・電流 $= 0$, ドリフト $= 0$, 入力バイアス電流 $= 0$ を備えた理想的な OP アンプとして扱われることが多い．

5-3 CMOS OP アンプ

CMOS 技術を用いたアナログ IC の実現ニーズが高まってきたため，アナログ回路も CMOS により構成する必要が生じてきた．既にスイッチト・キャパシタ回路やディジタル・フィルタ等で，CMOS 技術が使われ始めており，その重要性は高まってきている．ここでは，CMOS 構成の OP アンプについて，特に基本的な 2 段構成の CMOS OP アンプの構成や動作原理を学ぶ．

図 5-12 に差動増幅回路とソース接地増幅回路により構成した OP アンプを示す．差動増幅回路はカレントミラー部と電流源から構成される．カレントミラーを構成する 2 つの p-MOSFET M_3, M_4 の G と S は共通に接続されており，M_3 と M_4 の W/L を等しく設計するため，ペアの FET に流れる I_1 と I_2 の電流は等しくなる．M_3 の G と D を接続しているので，これらは飽和領域の電流となる．電流源は n-MOSFET M_5 に固定バイアス V_{bias} を与えて飽和領域の電流を流すことにより実現している．この差動アンプの利得は $g_{m1} = g_{m2}$, $g_{m3} = g_{m4}$, $V_{in} = V_{in+} - V_{in-}$ とすると，

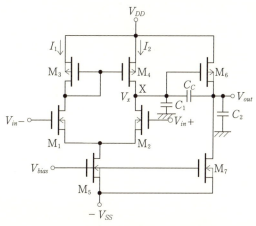

図 5-12　CMOS OP アンプの構成

$$\frac{V_x}{V_{in}} = -\frac{g_{m1}}{g_{d2} + g_{d4}} \tag{5-12}$$

で与えられ，一例として $g_m r_d = \frac{g_m}{g_d} = 100$ とすれば，およそ 50 倍の利得が得られる．一方，出力段に設けたソース接地増幅回路の利得は，

$$\frac{V_{out}}{V_x} = -\frac{g_{m6}}{g_{d6} + g_{d7}} \tag{5-13}$$

となり，差動アンプと同じ形になっていることから，同程度の利得が得られる．したがって，OP アンプ全体の低域における利得は，

$$A_{dc} = \frac{V_{out}}{V_{in}} = \frac{g_{m1} g_{m6}}{(g_{d2} + g_{d4})(g_{d6} + g_{d7})} \tag{5-14}$$

と記載できる．

周波数特性を考慮すると，初段の出力抵抗 $R_1 = \frac{1}{g_{d2} + g_{d4}}$，出力段の出力抵抗 $R_2 = \frac{1}{g_{d6} + g_{d7}}$，周波数特性の極点（ポール）のうち，ファーストポール角周波数 $\omega_{p1} = -\frac{1}{R_1 C_1}$，セカンドポール角周波数 $\omega_{p2} = -\frac{1}{R_2 C_2}$ として，

$$A = \frac{A_{dc}}{\left(1 - \frac{s}{\omega_{p1}}\right)\left(1 - \frac{s}{\omega_{p2}}\right)} \tag{5-15}$$

となる．この構成のままでは，位相余裕（利得が 0 dB における位相と $\phi = -\pi$ との差）がなく安定的に動作しないため，通常はミラーキャパシタ C_C を差動アンプ出力 X と出力 V_{out} 間に入れて位相補償を行う．この C_C はミラー効果で大きく周波数特性を劣化させる役割を果たす．図 5-13 に示すように，このような位相補償によりファーストポール角周波数 $\omega_{p1} = -\frac{1}{R_1 C_1}$ を $\omega_{p1}' = -\frac{1}{g_{m6} C_C R_1 R_2}$ へと故意に低下させて，$\phi = -\pi$ の時の利得を 0 dB 以下に下げ，セカンドポール角周波数 $\omega_{p2} = -\frac{1}{R_2 C_2}$ を $\omega_{p2}' = -\frac{g_{m6}}{C_2}$ に拡大させて，位相余裕が大きく確保できるようになる．このようにして，動作を安定化させることができる．

このような 2 段構成のアンプで数千〜数万の利得を期待できるが，さらに高利得を実現するために，テレスコピック型やフォールデッドカスコード OP アンプのようにトランジスタをカスコードに構成することにより出力抵抗を高めて高利得を実

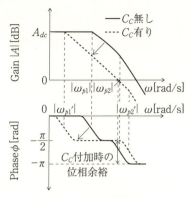

図 5-13　位相補償効果

現する方法も知られている．

5-4　帰還増幅器・線形演算

(1)　帰還増幅器の構成

通常，OP アンプを用いて所要の機能を実現する場合には帰還回路のごとき外部抵抗を付加して帰還増幅器を構成する．図 5-14 に示す反転増幅器がその基本回路である．入力インピーダンス Z_{in} を∞と仮定して電圧利得を導出すると，OP アンプの入力インピーダンスが∞であることから端子 V_1 から流れ込む電流はない．すなわち $I_s + I_f = 0$ より，

$$\frac{(V_i - V_1)}{Z_s} + \frac{(V_o - V_1)}{Z_f} = 0 \tag{5-16}$$

$V_1 = -\dfrac{V_o}{A}$ より，

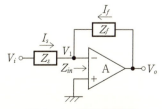

図 5-14　反転増幅器

$$V_o = -\frac{Z_f}{Z_s\left\{1+\left(1+\dfrac{Z_f}{Z_s}\right)\dfrac{1}{A}\right\}} V_i \tag{5-17}$$

となる．したがって，電圧利得は，

$$A_V = \frac{V_o}{V_i} = -\frac{Z_f}{Z_s\left\{1+\left(1+\dfrac{Z_f}{Z_s}\right)\dfrac{1}{A}\right\}} \tag{5-18}$$

OPアンプの電圧利得 A が十分大きければ，

$$A_V = -\frac{Z_f}{Z_s} \tag{5-19}$$

となり，負帰還利得は外部のインピーダンス比のみで決定されることが分かる．また，$A=\infty$ の理想状態においては，−端子の電位は接地されている＋端子と同電位になっている．この時，−端子を仮想接地の状態にあると称している．また，入力端子側インピーダンス Z_s を抵抗 R_s，帰還インピーダンス Z_f を抵抗 R_f で構成すると，

$$A_V = -\frac{R_f}{R_s} \tag{5-20}$$

となり，出力の位相は入力に対して180°遅れることになる．また，この回路での出力インピーダンスはほぼ0になる．

（2） ループ利得

（a） 一般的な帰還増幅器の電圧利得

ここで，帰還増幅器の安定動作条件を明らかにするために，一般的な帰還増幅器の電圧利得について考えてみよう．ここでも，3-3の負帰還増幅回路で扱ったようなブロック構成が基本となるので，再度，そのブロック構成を図5-15に示す．無帰還増幅器の利得（開ループ利得）を A_0，帰還路の利得を β_f とすると，一般的な帰還増幅器の電圧利得（閉ループ利得）A_{Vf} は，(3-9)式と同じく，

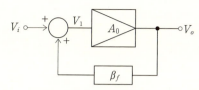

図 5-15　一般的な帰還増幅器のブロック構成

$$A_{Vf} = \frac{V_o}{V_i} = \frac{A_0}{1 - A_0 \beta_f} \tag{5-21}$$

である．ここで，ループ利得と称している $T = A_0 \beta_f$ を用いると，

1. $T > 0$ の時……正帰還（帰還電圧 $\beta_f V_o$ が入力電圧と同相のため $A_{Vf} > A_0$）
2. $T < 0$ の時……負帰還（帰還電圧 $\beta_f V_o$ が入力電圧と逆相のため $A_{Vf} < A_0$）
3. $T > 1$ ならば発振に至る．
4. $|T| < 1$ ならば，安定である．
5. $T < -1$ ならば，通常は安定であるが，ループ利得 T の位相が $-\pi$ を横切る ω における $|T| > 1$ の場合には，不安定になり，発振に至る．

（b）反転増幅器構成の帰還増幅器のループ利得と電圧利得

次に，図 5-16 に示す反転増幅器につき具体的な A_0, T を算出してみよう．

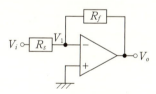

図 5-16　反転増幅器

① ループ利得

$T = A_0 \beta_f$ を導出するには，図 5-17 に示すように出力端子から帰還路を切り，別の電圧源 $V_o{'}$ を接続して，(5-22)式のような帰還系から出力端への電圧利得を定義すればよい．この場合，入力電源を短絡し入力電圧を 0 とすることも必要である．

$$T = \frac{V_o}{V_o{'}} \bigg|_{V_i = 0} \tag{5-22}$$

$V_1 = \dfrac{R_s}{R_s + R_f} V_o{'}$, $V_o = -AV_1$ より，

$$T = -A \cdot \frac{R_s}{R_s + R_f} \qquad (5\text{-}23)$$

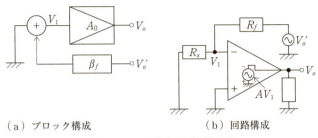

（a）ブロック構成　　　　　　（b）回路構成

図 5-17　T 導出用変形回路

② 無帰還増幅器の電圧利得

A_0 を導出するには，図 5-18 に示すように $V_o' = 0$ として帰還をかけない状態にし，利得を求めればよい．

$$V_1 = \frac{R_f}{R_s + R_f} V_i, \quad V_o = -AV_1 \text{ より,}$$

$$A_0 = \left. \frac{V_o}{V_i} \right|_{V_o' = 0} = -A \cdot \frac{V_1}{V_i} = -A \cdot \frac{R_f}{R_s + R_f} \qquad (5\text{-}24)$$

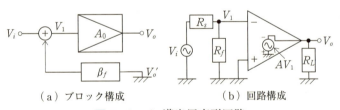

（a）ブロック構成　　　　　　（b）回路構成

図 5-18　A_0 導出用変形回路

③ 帰還増幅器の電圧利得

反転増幅器の利得 A_V の (5-18) 式が，前述のように求めた A_0, T から得られる帰還増幅器の電圧利得 A_{Vf} の (5-21) 式に合致しているかを確認してみよう．(5-18) 式から,

$$A_V = \frac{V_o}{V_i} = -A \cdot \frac{R_f}{R_s + R_f + AR_s} = -A \cdot \frac{R_f}{R_s + R_f} \frac{1}{1 + A \cdot \dfrac{R_s}{R_s + R_f}}$$
$$(5\text{-}25)$$

$$\therefore A_V = \frac{A_0}{1-T} \tag{5-26}$$

となり，$V_o' = V_o$ 時に相当する一般的な帰還増幅器の電圧利得 A_{Vf} の式と一致していることが分かる．

（3） 帰還増幅器の安定性

OP アンプの電圧利得 A は，3 段以上のアンプで構成されている場合には少なくとも以下のような 3 次特性で表すことができる．

$$A = \frac{A_m}{\left(1+\frac{s}{\omega_1}\right)\left(1+\frac{s}{\omega_2}\right)\left(1+\frac{s}{\omega_3}\right)} \tag{5-27}$$

この OP アンプに負帰還を施して帰還増幅器を構成する場合，ループ利得が大きいと回路は不安定化する．すなわち，$|T|$ の位相 ϕ が $-\pi$ になる角周波数 ω における $|T| > 0\,\mathrm{dB}$ の時，帰還系は不安定になり，発振を起こしやすくなる．このような不安定動作を避けるために，位相補償による安定化手法が知られている．これは，ミラー容量を増大させることにより OP アンプの利得 A の高域遮断周波数を故意に劣化させるものであり，図 5-19 に示すように位相補償を実施後に T の利得余裕が 0 dB 以下（$|T| < 1$）となり安定になる．

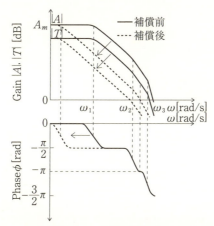

図 5-19 位相補償による帰還増幅器の周波数特性

(4) GB積

 GB積とは利得と帯域の積のことを称する．ここではOPアンプのGB積と帰還増幅器のGB積の関係について考察する．$|T| > 0\,\mathrm{dB}$ となる周波数範囲では，OPアンプの利得 A は $A \fallingdotseq \dfrac{A_m}{1+\dfrac{s}{\omega_1}}$ の一次特性で近似できる．したがって，帰還増幅器の利得 A_{Vf} は $s = j\omega$ を用いたラプラス変換の形で表示すると，

$$A_{Vf}(s) = \frac{A_0(s)}{1 - T(s)} = -A \cdot \frac{R_f}{R_s + R_f + AR_s} = -\frac{R_f}{R_s} \cdot \frac{1}{1 + \left(1 + \dfrac{R_f}{R_s}\right)\dfrac{1}{A}}$$

$$= -\frac{R_f}{R_s} \cdot \frac{1}{1 + \left(1 + \dfrac{R_f}{R_s}\right)\dfrac{1 + \dfrac{s}{\omega_1}}{A_m}} \fallingdotseq -\frac{R_f}{R_s} \cdot \frac{1}{1 + \left(1 + \dfrac{R_f}{R_s}\right)\dfrac{s}{\omega_1 A_m}} \quad (5\text{-}28)$$

ここで，$A_{f0} = -\dfrac{R_f}{R_s}$ と置けば，

$$A_{Vf}(s) = A_{f0} \frac{1}{1 + \left(1 + \dfrac{R_f}{R_s}\right)\dfrac{s}{\omega_1 A_m}} \quad (5\text{-}29)$$

これは一次の積分回路の利得の周波数特性を表している．高域遮断周波数 f_h は，$\left(1 + \dfrac{R_f}{R_s}\right)\dfrac{\omega_h}{\omega_1 A_m} = 1$ より

$$\omega_h = 2\pi f_h = 2\pi f_1 \cdot A_m \frac{R_s}{R_s + R_f} \quad (5\text{-}30)$$

$$\therefore f_h = f_1 \cdot A_m \cdot \frac{R_s}{R_s + R_f} \quad (5\text{-}31)$$

となる．よって，高利得帰還増幅器では一般に $\dfrac{R_f}{R_s}$ が十分大きいから，

$$GB = |A_{f0}| \cdot f_h = \frac{R_f}{R_s} \cdot f_1 \cdot A_m \cdot \frac{R_s}{R_s + R_f} = A_m f_1 \frac{R_f}{R_s + R_f} \fallingdotseq A_m f_1 \quad (5\text{-}32)$$

すなわち，高利得帰還増幅器の GB積は OPアンプの GB積に等しくなることが分

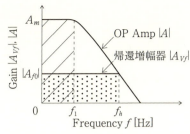

図 5-20　OP アンプと帰還増幅器の利得周波数特性

かる．帰還増幅器にすると帯域幅は増大するものの利得は減少するためで，図 5-20 のように $|A_{f0}|$ と f_h，A_m と f_1 の囲む面積は変わらない．

（5） 線形演算

ここでは開放利得 $A = \infty$ の理想的な OP アンプを仮定して，その線形演算回路への応用について学習する．

（a） 反転アンプ

帰還増幅器を OP アンプと外部抵抗のみで構成した典型的なアンプであり，既に 5-4（1）節に反転増幅器として説明したとおりである．

（b） 非反転アンプ

図 5-21 に示すのが非反転アンプである．$V_i - \dfrac{R_1}{R_1 + R_2} V_o = 0$ より，

$$V_o = \left(1 + \dfrac{R_2}{R_1}\right) V_i \tag{5-33}$$

が得られる．入出力の位相は同じになり反転しない．

バッファ回路は非反転アンプで $R_1 = \infty$，$R_2 = 0$ とした特例の回路であり，$V_o = V_i$ が成り立つ（図 5-22）．特徴は高入力抵抗，低出力抵抗のインピーダンス変換特性を有するバッファの機能を果たす点にある．

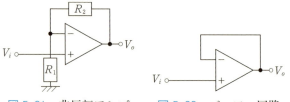

図 5-21　非反転アンプ　　図 5-22　バッファ回路

（c）加算アンプ

図 5-23 に n 個の入力端子を備えた反転形加算アンプの構成を示す．P 点が仮想接地状態にあるので $\Sigma I_i = -I_f$ であり，

$$\frac{V_1}{R_1} + \frac{V_2}{R_2} + \cdots + \frac{V_n}{R_n} + \frac{V_o}{R_f} = 0$$

$$\therefore V_o = -\left(\frac{R_f}{R_1}V_1 + \frac{R_f}{R_2}V_2 + \cdots + \frac{R_f}{R_n}V_n\right) \tag{5-34}$$

出力は入力を計数倍したものの加算値になる．

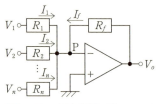

図 5-23　反転形加算アンプ

（d）差動アンプ

図 5-24 に 2 入力の差動アンプの構成を示す．OP アンプへの入力電流は 0 と考えられるから，$I_1 + I_f = 0$ となり，

$$\frac{V_1 - V_-}{R_1} + \frac{V_o - V_-}{R_2} = 0$$

一方，OP アンプ入力端子電圧は V_2 の抵抗分割されたものであることから，

$$V_- = V_+ = \frac{R_4}{R_3 + R_4}V_2$$

以上の2つから,

$$V_o = -\frac{R_2}{R_1}V_1 + \frac{R_1+R_2}{R_1} \cdot \frac{R_4}{R_3+R_4}V_2 \tag{5-35}$$

特に,$\dfrac{R_2}{R_1} = \dfrac{R_4}{R_3}$ と設定すれば,

$$V_o = \frac{R_2}{R_1}(V_2 - V_1) \tag{5-36}$$

となり,出力は2入力の差に比例した値になる.

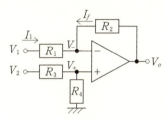

図 5-24　差動アンプ

(e)　積分回路

図 5-25(a)に入力電圧の時間積分値に比例する出力電圧を得る積分回路の構成を示す.反転アンプの帰還抵抗をコンデンサで置き換えた構成である.$I + I_f = 0$ より,

$$\frac{V_i}{R_i} + \frac{d(C \cdot V_o)}{dt} = 0$$

$$\therefore V_o = -\frac{1}{C}\int \frac{V_i}{R_i}dt = -\frac{1}{CR_i}\int V_i dt \tag{5-37}$$

出力は入力電圧を積分したものを係数倍したものに等しいことが分かる.同図(b)に矩形波入力信号の積分波形例を示す.

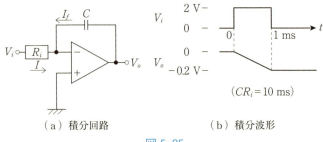

(a) 積分回路　　　　(b) 積分波形

図 5-25

(f) 微分回路

図 5-26 (a) に入力電圧の時間微分値に比例する出力電圧を得る微分回路の構成を示す．反転アンプの入力回路抵抗をコンデンサで置き換えた構成になっている．$I + I_f = 0$ より，

$$\frac{d(C \cdot V_i)}{dt} + \frac{V_o}{R_f} = 0$$

$$\therefore V_o = -CR_f \frac{dV_i}{dt} \tag{5-38}$$

出力は入力を微分したものを係数倍したものに等しいことが分かる．同図 (b) に台形状に変化する入力信号の微分波形例を示す．

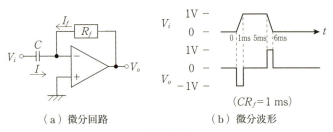

(a) 微分回路　　　　(b) 微分波形

図 5-26

(g) 一般的な演算回路

入力回路インピーダンスと帰還インピーダンスで構成された反転アンプの伝達関数は，(5-19) 式に示したように負帰還利得そのものであり，s パラメータによるラプラス変換の形で表示すると，$G(s) = -\dfrac{Z_f(s)}{Z_s(s)}$ で表せるが，Z_s と Z_f の構成要素

の C, R の組み合わせを変えることにより種々のフィルタを構成することができる．

① LPF の例

図 5-27（a）のように Z_s を抵抗，Z_f を抵抗とコンデンサの並列形で構成すると，伝達関数 $G(s)$ は，

$$G(s) = -\frac{R_2}{R_1}\frac{1}{1+CR_2 s} \tag{5-39}$$

と書き表せる．この関数の特性は，以下のようになる（図 5-27（b））．

$\omega < \dfrac{1}{CR_2}$ の場合……$G(s) \fallingdotseq -\dfrac{R_2}{R_1}$ の反転増幅

$\omega > \dfrac{1}{CR_2}$ の場合……$|G(s)| \fallingdotseq \left|-\dfrac{1}{CR_1 s}\right| = \dfrac{1}{CR_1 \omega}$ で周波数 f の増大と共に減少する積分特性

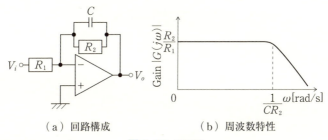

（a）回路構成　　　　　（b）周波数特性

図 5-27　LPF

② HPF の例

図 5-28 に示すように，Z_f を抵抗，Z_s を抵抗とコンデンサの直列の形で構成すると，伝達関数 $G(s)$ は，

$$G(s) = -\frac{CR_2 s}{1+CR_1 s} \tag{5-40}$$

と書き表せる．この関数の特性は，以下のようになる（図 5-28（b））．

$\omega < \dfrac{1}{CR_1}$ の場合……$|G(s)| \fallingdotseq |-CR_2 s| = CR_2\omega$ で周波数 f の増大と共に増大する微分特性

$\omega > \dfrac{1}{CR_1}$ の場合……$G(s) \fallingdotseq -\dfrac{R_2}{R_1}$ の反転増幅

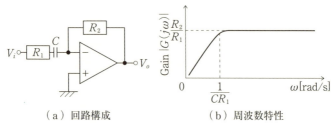

（a）回路構成　　　　（b）周波数特性

図 5-28　HPF

章末問題 5

1．図 5-29 に示す差動アンプに関して以下の設問に答えなさい．

ただし，$V_{BE} = 0.7\,\text{V}$，$V_{CC} = V_{EE} = 10.5\,\text{V}$，$R_b = 100\,\Omega$，$R_C = R_e = 1\,\text{k}\Omega$，$h_{fe1} = h_{fe2} = 100$，$h_{ib} = 5.246\,\Omega$ とする．

（1）バイアス点を求めなさい．
（2）同相利得，差動利得を求めなさい．
（3）CMRR を算出しなさい．

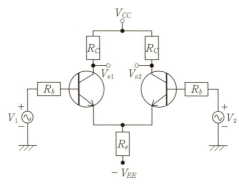

図 5-29　差動アンプ

2. 反転増幅器で $R_s = 1\,\text{k}\Omega$, $R_f = 10\,\text{k}\Omega$, $A = 60\,\text{dB}$ の時の無帰還利得 A_0, 帰還率 β_f, ループ利得 T, 電圧利得 A_{Vf} をそれぞれ求めなさい.

3. OPアンプの開ループ利得 $A_m = 60\,\text{dB}$, 遮断周波数 $f_1 = 350\,\text{Hz}$, 外部抵抗 $R_s = 10\,\text{k}\Omega$, $R_f = 100\,\text{k}\Omega$ とした時の反転増幅器のGB積を求めなさい. また, OPアンプのGB積と比較しなさい.

4. 図5-30に示す回路の伝達関数を求め, それから利得の周波数特性を描きなさい.

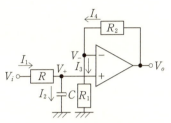

図 5-30　演算回路

5. $g_{m1} = 400 \times 10^{-6}\,[\text{S}]$, $g_{m6} = 10\,g_{m1}$ として, $g_{d2} = g_{d4} = \lambda I_{D2} = 0.1 \times (25\,\mu\text{A})$, $g_{d6} = g_{d7} = \lambda I_{D7} = 0.1 \times (800\,\mu\text{A})$ により, 図5-12に示した2段構成CMOS OPアンプの低域における電圧利得 A_{dc} を求めなさい.

第 6 章
スイッチトキャパシタアンプ

　通信や計測等ではフィルタが使用される．このフィルタは近年時代の要請とも相まって小型・軽量化が進み，当初のハイブリッドICのアクティブフィルタ時代から，さらにより小型のMOS ICのモノリシックフィルタへと高度化がなされてきている．このモノリシックフィルタがスイッチトキャパシタフィルタであり，低周波の通信用への応用に適用されている．本章では小型のMOS ICによるモノリシックの信号処理デバイスとして実用化され始めているスイッチトキャパシタフィルタの基本素子のアンプについて紹介する．

6-1 SC 基本回路

スイッチトキャパシタフィルタ（SCF）は高い精度と安定性，広いダイナミックレンジの特徴を生かして低周波の信号処理応用に適用されている．これは，MOSFET スイッチ，MOS キャパシタ，OP アンプにより構成されるため，IC 化が可能である．このスイッチトキャパシタフィルタの基本回路は，図 6-1 に示すような MOSFET による 2 つの相補スイッチ S_1，S_2 とキャパシタ C から構成され，アナログ信号をサンプル値化するものである．2 相のクロック ϕ_1，ϕ_2 のうち ϕ_1 でスイッチ S_1 を on にした状態でキャパシタ C の電荷 $Q_C = 0$ となる．ϕ_2 でスイッチ S_2 が on に遷移すると，C は $v_1(t) - v_2(t)$ に充電される．$t = (n+1/2)T$ の時刻では電荷 $Q = C[v_1\{(n+1/2)T\} - v_2\{(n+1/2)T\}]$ が出力に転送されることになる．したがって，一周期に渡って流れる平均電流は，

$$I = \frac{Q}{T} = C\left[\frac{v_1\{(n+\frac{1}{2})T\} - v_2\{(n+\frac{1}{2})T\}}{T}\right]$$

で表されるので，サンプリング周波数が入力信号周波数よりも十分高い場合，等価抵抗は，

$$R = \frac{v_1\{(n+\frac{1}{2})T\} - v_2\{(n+\frac{1}{2})T\}}{I} = \frac{T}{C} \tag{6-1}$$

となる．この式から，MΩ 程度の抵抗を小さい容量でも比較的高いクロック周波数で動作させることにより実現できると言える．

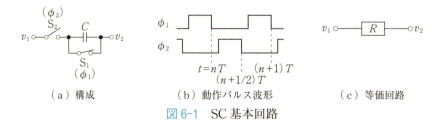

（a）構成　　（b）動作パルス波形　　（c）等価回路

図 6-1　SC 基本回路

6-2 SC アンプ

図 6-2 (a) に SC アンプの回路構成を，同図 (b) に動作波形を示す．ϕ_1 = High の時には C_1 は $C_1 v_i$ に充電されるが，次のタイミングで ϕ_2 が High に遷移する (ϕ_1 = Low) と，C_1 の入力端子側が接地されるから，反転された電荷 ($-C_1 v_i$) が C_2 に転送される．また，C_2 の電荷の動きは X 点から見ると 0 から $C_2 v_o$ になる．よって，OP アンプの反転入力端子に流入する電荷が 0 であることより，

$$C_2 v_o(nT) + C_1 \left[-v_i \left\{ \left(n - \frac{1}{2}\right)T \right\} \right] = 0 \tag{6-2}$$

$$v_o(nT) = \frac{C_1}{C_2} v_i \left\{ \left(n - \frac{1}{2}\right)T \right\} \tag{6-3}$$

が得られる．このように，SC アンプをはじめ SC 回路の伝達関数は容量比で表されるため，比精度が問題となるが，MOS IC では MOS キャパシタを単位容量の並列接続で実現できるため，高精度に（0.1～0.5%）IC 化が可能である．

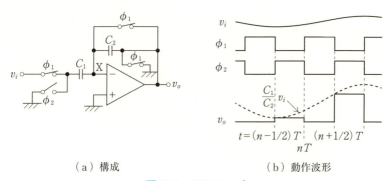

(a) 構成　　　　　　　　　(b) 動作波形

図 6-2　SC アンプ

6-3 ダイナミックスイッチングバイアス方式

前述した SC アンプでは OP アンプに常時電流を流して連続的に動作させているため，複数のアンプを構成しようとすると消費電力が大きくなるという問題がある．その問題を軽減するために，ダイナミックに OP アンプの電流源の駆動を停止

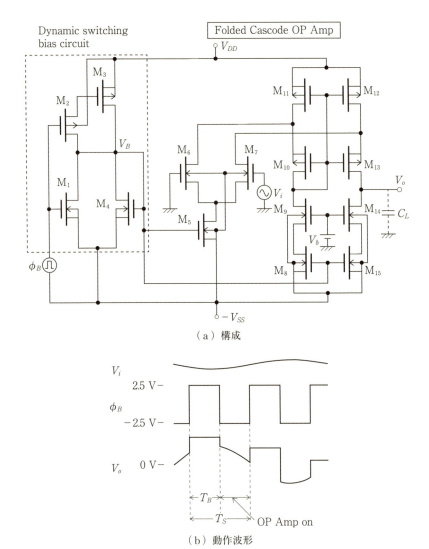

図 6-3　DSB 方式 FC-OP アンプ

させるダイナミックスイッチングバイアス（DSB）方式が考案されている．図6-3にDSB回路を備えたフォールデッドカスコード（FC）OPアンプの構成と動作波形を示す（参考文献 [16]）．この回路では，DSB回路を制御パルス ϕ_B で制御しながら電流源 M_5, M_8, M_{15} のバイアス V_B を T_B の期間だけオフにして，その期間電力を消費しないようにしたものである．これにより平均的な消費電力を低減することが可能である．電源電圧 V_{DD}, $V_{SS} = 2.5$ V で構成した本回路により，ϕ_B を 10 MHz で動作させた時，デューティ比が50%では70%程度（17 mW）に消費電力を低減可能である．低周波では連続動作時に比較して50%程度に低減できると期待できる．

このDSB FC-OPアンプをSCアンプに適用した回路構成とその動作波形を図6-4に示す．T_B の期間後にOPアンプがオンするが，10 ns程度の余裕期間（ΔT）空けてから ϕ_2 をオンにするとOPアンプの安定動作を確保することができる．図

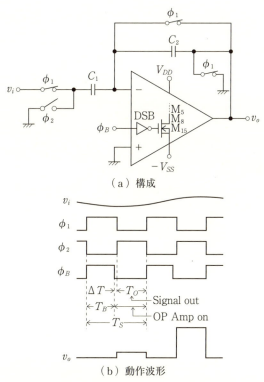

図6-4　DSB FC-OPアンプによるSCアンプ

中の T_o が実際の信号を処理できる安定動作期間になる．これは，ϕ_B がオフしてからOPアンプがオンするまでに，伝搬遅延があるためである．$C_1 = 1.2\,\mathrm{pF}$，$C_2 = 0.6\,\mathrm{pF}$ で構成したSCアンプを $\phi_B = 10\,\mathrm{MHz}$（デューティ比50%）で動作させた時の消費電力は連続動作時の約70%に削減される．この消費電力のうち75%がOPアンプ部で消費されており，残りがスイッチ部で消費されているが，周波数が低くなるとスイッチ部の消費分が小さくなるので，さらに消費電力は減少するものと期待される．

サプリメント

本章には，SCアンプの構成用高利得OPアンプとしてフォールデッドカスコード形を用いた例を紹介したが，このような高利得OPアンプの構成にはテレスコピック形もあり，2つの回路の構成と特徴を以下述べる．テレスコピック形OPアンプの回路を図6-5に示す．ソース接地増幅回路の利得は $g_m \cdot r_d$ で与えられ数十倍程度であるが，これを大きくするには，出力抵抗を大きくする手法があり，4-2に述べたようにカスコード構造が有効である．同図の回路では，ソース接地増幅回路の上にゲート接地した電源側pMOSFET（$M_5 \sim M_6$）と接地側nMOSFET（$M_3 \sim M_4$）をカスコード接続したFETの挿入により出力抵抗を $g_m \cdot (r_d)^2$ のオーダに高くしたものである．これにより，差動増幅回路に比べて電圧利得 A_V が数十倍も大きく，1000倍程度になる．通常の2段構成のOPアンプよりもやや大きい利得が得られる．しかし，FETを多段に縦積みにしているために，電源電圧が低くなると入出力電圧範囲が狭くなるという問題もある．

具体的な利得の式を求めてみよう．出力抵抗が $R_o = (r_{d8} \cdot g_{m6} \cdot r_{d6}) // (r_{d2} \cdot g_{m4} \cdot r_{d4})$ であることから，低域での利得は，

$$A_V = g_{m2} \cdot R_o = g_{m2} \cdot \{(r_{d8} \cdot g_{m6} \cdot r_{d6}) // (r_{d2} \cdot g_{m4} \cdot r_{d4})\}$$

となる．今，$g_m = g_{m2} = g_{m6} = g_{m4}$，$r_d = r_{d2} = r_{d4} = r_{d6}$ と仮定すると，

$$A_V \fallingdotseq \frac{(g_m r_d)^2}{2}$$

となり，2段OPアンプの2倍程度になる．

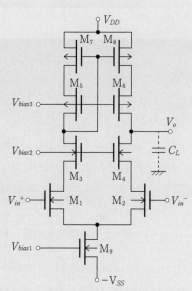

図 6-5　テレスコピック形 OP アンプ

　次に，テレスコピック形 OP アンプの途中段を 1 段減らして，折り返し構造にしたフォールデッドカスコード OP アンプについて述べる．図 6-6 は，n チャネル差動入力ペアを p チャネル差動入力回路で置き換えたもので，M_7 のソース電位を低下できるため，テレスコピック形よりも広い入力電圧範囲を確保することができる．このため，低電圧動作をさせるうえでも有利になる．$M_6 \sim M_9$ はゲート接地増幅回路を構成して出力抵抗を高める働きをし，$M_8 \sim M_{11}$ はカレントミラー回路を構成している．電流は，カレントミラー回路の M_{10}, M_{11} からの電流 I と M_1, M_2 の差動入力段からの電流 $\dfrac{I_0}{2}$ とが合わさって定電流源 M_4, M_5 に流れる．出力抵抗 R_o は，$R_o = (r_{d11} \cdot g_{m9} \cdot r_{d9}) // \{(r_{d2}//r_{d5}) \cdot g_{m7} \cdot r_{d7}\}$ で与えられるから，低域利得 A_V は，

$$A_V = g_{m2} \cdot R_o = g_{m2} \cdot [(r_{d11} \cdot g_{m9} \cdot r_{d9}) // \{(r_{d2}//r_{d5}) \cdot g_{m7} \cdot r_{d7}\}]$$

となる．今，$g_m = g_{m2} = g_{m7} = g_{m9}$，$r_d = r_{d2} = r_{d5} = r_{d7} = r_{d9} = r_{d11}$ と仮定すると，

$$A_V \fallingdotseq \frac{(g_m r_d)^2}{3}$$

となり，通常のテレスコピックカスコード形よりもやや小さいが極めて大きな利得が得られる．

また，図6-7にはnチャネル差動入力回路で構成したフォールデッドカスコードOPアンプの構成（図6-3のFC-OPアンプ）を示す．M_{10}〜M_{13}が固定バイアスを用いないカレントミラー回路を構成している．図6-6では4つ必要とされたバイアス電源がこの回路では2つのみに低減される．M_6〜M_7の差動入力段を並列に設けた接続をすることにより，M_{10}とM_{13}のソース電位を上昇させ入力電圧範囲を広くすることができる．出力抵抗R_oは，$R_o = (r_{d15} \cdot g_{m14} \cdot r_{d14}) // \{(r_{d7}//r_{d12}) \cdot g_{m13} \cdot r_{d13}\}$ で与えられるから，低域利得は，

$$A_V = g_{m7} \cdot R_o = g_{m7} \cdot [(r_{d15} \cdot g_{m14} \cdot r_{d14}) // \{(r_{d7}//r_{d12}) \cdot g_{m13} \cdot r_{d13}\}]$$

となる．利得としては図6-6の回路と同程度の値が得られる．

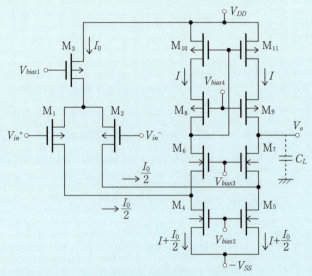

図6-6　フォールデッドカスコードOPアンプ
　　　　（pチャネル差動入力構成）

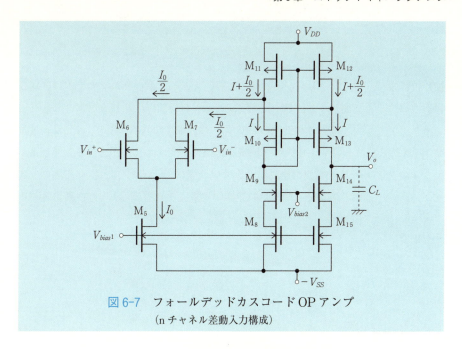

図 6-7　フォールデッドカスコード OP アンプ
（n チャネル差動入力構成）

章末問題 6

1. スイッチトキャパシタ回路のキャパシタ C を高精度で IC 化できる理由を述べなさい．
2. SC 回路で 2 つの入力信号 v_{i1} と v_{i2} を加算増幅する加算アンプ（図 6-8）を構成した場合，入出力関係はどのようになるか述べなさい．
3. 図 6-3 の DSB OP アンプを使用して SC アンプを構成する場合，電力を支配的に消費する要因を述べなさい．また，できるだけ電力を少なくする方法も述べなさい．

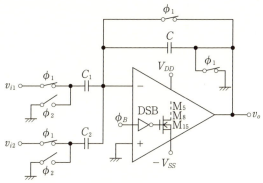

図 6-8　加算アンプ

第7章

波形制御回路

　オーディオ信号やビデオ信号からノイズ等を除去処理するのに，波形の変形や制御の操作を行う波形制御回路が使われる．この章では，そのような目的のために使用されているリミッタ，クランパ，包絡線検出回路等の波形制御回路について学習する．

ビデオ信号やオーディオ信号等のアナログ信号を処理するために，振幅を操作する等，波形を変形する制御回路として以下の4つの非線形回路が知られている．これらはダイナミックレンジの拡大を図るためやノイズを除去するために用いるものである．

- クリッパ
- リミッタ
- スライサ
- クランパ

7-1 クリッパ

クリッパは波形の一部をカットする機能を備えた回路で，直列型と並列型の2種類がある．

(1) 直列形ダイオードクリッパ

図7-1（a）に直列形ダイオードクリッパの構成を示す．ダイオードDを入力に対して直列に挿入し，出力端子には抵抗を介して直流バイアス V_r をかけるようにしている．動作原理は以下のようになる．入力 $v_i < V_r$ の時には，ダイオードはオフし，出力 v_0 はバイアス電源により基準電圧にロックされる（$v_0 = V_r$）．逆に，入力 $v_i > V_r$ の時には，ダイオードがオン状態になるため，入力と出力は等しくなる（$v_0 = v_i$）．入出力特性を描くと，図7-1（b）のようになる．すなわち，この回路は入力信号の基準電源電圧 V_r の下部をカットし，V_r に固定した波形（同図（c））を出力するように動作する．

正確な特性は，ダイオードの順方向降下電圧 V_{on} を0.6Vとすると $V_r + 0.6$ V 以下の入力電圧 v_i になった場合に，出力 v_0 が V_r にロックされるような特性になることにも注意する必要がある．

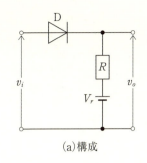

(a) 構成

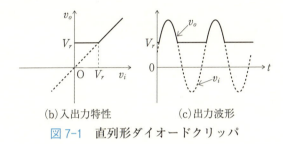

(b) 入出力特性　　　(c) 出力波形

図 7-1　直列形ダイオードクリッパ

（2）並列形ダイオードクリッパ

　直列形とは異なる構成の並列形ダイオードクリッパを図 7-2（a）に示す．この回路では，基準電源でバイアスしたダイオード D を入力と並列に挿入し，抵抗 R により入力と出力間をつないでいる．この回路の場合，入力 $v_i < V_r$ の時には，D はオフするため，基準電源の作用はなく，入力が出力にそのまま表れる（$v_o = v_i$）．逆に，入力 $v_i > V_r$ になると，ダイオード D はオンするため，出力 v_o は V_r に固定される．入出力特性は図 7-2（b）に示すようになり，基準電源電圧 V_r 以上の上部をカットして V_r に固定するように作用する（同図（c））．

　なお，正確な特性は，$V_r + 0.6\,\mathrm{V}$ 以上の入力電圧 v_i になった場合に，出力 v_o が $V_r + 0.6\,\mathrm{V}$ にロックされるような特性になる．

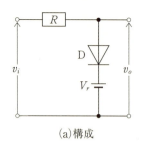

(a) 構成

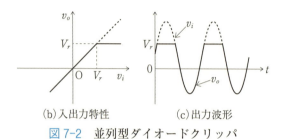

(b) 入出力特性　　　(c) 出力波形

図 7-2　並列型ダイオードクリッパ

7-2　リミッタ

　リミッタは，2つのクリッパを直列接続あるいは並列接続したもので，入力波形の上部・下部を共に除去する回路として知られている．主に，雑音除去用の波形整形回路に用いられる．

（1）　直列形リミッタ

　図 7-3（a）に直列形リミッタの構成を示す．この回路では，2つのダイオード D_1, D_2 を入力から出力方向に直列に接続している．また，出力端子とダイオードの中間端子からは，抵抗を介して基準電源 V_r と $-V_r$ をそれぞれ設けている．ここに，2つの抵抗は $R_1 \ll R_2$ に設定されている．今，① $v_i < -V_r$ の低い入力電圧の際には，D_1 はオフし，D_2 のみがオン状態となる．この場合，$R_1 - D_2 - R_2$ を流れる電流を I とすると，$I = \dfrac{2V_r}{R_1 + R_2}$ であるから，出力は，

$$v_o = V_r - R_2 \times I = \left(1 - \frac{2R_2}{R_1 + R_2}\right)V_r = \frac{R_1 - R_2}{R_1 + R_2}V_r \qquad (7\text{-}1)$$

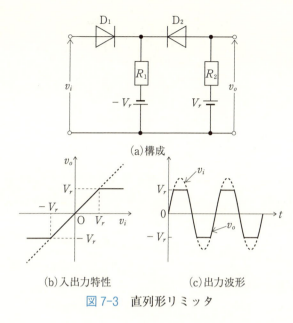

図7-3 直列形リミッタ

となる.したがって,R_2 が R_1 に比して極めて大きければ,$v_o = -V_r$ にほぼ等しくなる.② $-V_r < v_i < V_r$ の場合には,D_1 と D_2 はいずれもオン状態になるため,出力には入力がそのまま現れ,$v_o = v_i$ となる.③ $V_r < v_i$ のような高い入力電圧になると,D_1 はオンするものの D_2 はオフ状態になるため,出力 v_o には V_r が現れ,$v_o = V_r$ となる.図7-3(b)の入出力特性および同図(c)の出力波形に示すとおり,上下の波形をカットして基準電源電圧値に固定する.

なお,正確な特性は,$-V_r + 0.6\,\text{V}$ 以下の入力電圧 v_i になった場合に $-V_r + 0.6\,\text{V}$ にロックされ,$V_r - 0.6\,\text{V}$ 以上の v_i になった場合に V_r にロックされるような特性になることに注意する必要がある.

(2) 並列形リミッタ

この回路は,ダイオード D_1,D_2 をそれぞれ基準電源 V_r と $-V_r$ に対して直列につないだものを入力と並列に設けた構成を成している(図7-4).動作原理は以下のようになる.① $v_i < -V_r$ の低い入力電圧の際には,D_1 はオフ,D_2 はオンとなるため,$-V_r$ がそのまま表れ,$v_o = -V_r$ となる.② $-V_r < v_i < V_r$ の場合には,D_1 と D_2 はいずれもオフ状態になるため,出力には入力がそのまま現れ,$v_o = $

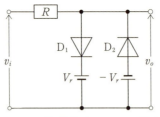

図 7-4　並列形リミッタの構成

v_i となる．③ $V_r < v_i$ のような高い入力電圧になると，D_1 はオンするものの D_2 はオフ状態になるため，出力 v_o には V_r が現れ，$v_o = V_r$ となる．入出力特性は図 7-3（b）に示すものと基本的に同じである．

なお，正確な出力特性は，$V_r + 0.6\,\mathrm{V}$ 以上の入力電圧 v_i になった場合に $V_r + 0.6\,\mathrm{V}$ にロックされ，$-V_r - 0.6\,\mathrm{V}$ 以下の入力電圧 v_i になった場合に $-V_r - 0.6\,\mathrm{V}$ にロックされるような特性になることに注意する必要がある．

7-3　ツェナーダイオードリミッタ

前述のリミッタでは電源を用意して構成しなければならない不便さがあったが，このような電源を使わずにツェナーダイオード（ZD）を用いて安価に構成できる ZD リミッタもある．この ZD リミッタの構成を図 7-5 に示す．ZD_1，ZD_2 のツェナー電圧を V_Z とすると，$v_i < -V_Z$ の場合には ZD_1 は逆方向 breakdown を起こしてオンになり，ZD_2 は順方向にバイアスされてオンになるので，出力には $-V_Z$ が現れ $v_o = -V_Z$ となる．$-V_Z < v_i < 0$ になると，ZD_1 がオフになるため，2 つの ZD には電流が流れず，$v_o = v_i$ となる．さらに上昇して，$0 < v_i < V_Z$ になると，

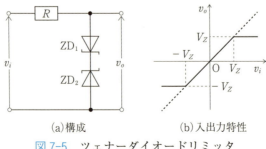

(a) 構成　　　　　　(b) 入出力特性

図 7-5　ツェナーダイオードリミッタ

ZD_1 は順方向バイアスによりオンになり得るが ZD_2 は breakdown 電圧には至らないためオフになる.出力には入力がそのまま表れ,$v_o = v_i$ となる.$V_Z < v_i$ になると,ZD_1 は順方向バイアスによりオンになり ZD_2 は breakdown を起こしてオンになるため,出力には V_Z が現れ,$v_o = V_Z$ となる.

7-4 スライサ

リミッタと同じ構成で,基準電圧 V_r がダイオードの順方向電圧降下 V_D 程度の低い値からなるものをスライサと呼んでいる.図7-6(a)にその回路構成を示す.入力 $v_i < -V_D$ の場合には D_2 のみがオンするため,出力 $v_o = -V_D$ となる.$-V_D < v_i < V_D$ になると,両方のダイオードはオンしないため,入力がそのまま出力され,$v_o = v_i$ となる.入力が $V_D < v_i$ の大きなレベルになると,D_1 のみがオンするため,$v_o = V_D$ となる.入出力特性は,図7-6(b)に示すような特性になり,$-V_D$ 以下と V_D 以上の波形をカットする.この回路も ZD リミッタと同様に基準電源が不要という特徴を有する.

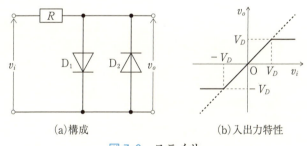

(a)構成　　　　　　　(b)入出力特性

図7-6　スライサ

7-5 クランプ回路

図7-7にクランプ回路(クランパ)の構成と動作波形を示す.この回路は,入力波形の高レベルあるいは低レベルを基準電圧に固定するものであり,信号処理に幅広く使用されている.コンデンサ C を介して基準電圧 V_r に固定するための基準電源とダイオード D を直列につなぎ,C の蓄積電荷を放電するための抵抗 R を C の出力端子に設ける.今,入力にパルスが加わった時の高レベル $V_1 > V_r$ の時,V_1

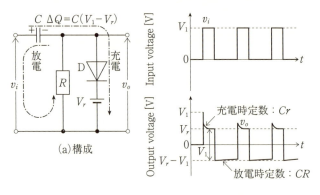

図 7-7 クランプ回路

に遷移直後から D がオンし，$C \cdot r$ の時定数（r は D のオン抵抗）で C が充電され，出力は次第に基準電圧 V_r のレベルに落ち着く．オン抵抗 r は小さいため，V_r に落ち着くまでの時間は短い．充電後には $C(V_1 - V_r)$ の電荷が C に残る．入力が 0 V に遷移すると，D がオフ状態になり，C の蓄積電荷が入力を介して CR の時定数で放電する．この際，出力は $-(V_1 - V_r)$ の電位から 0 V に向かって放電するが，放電時定数を入力波形の周期に比べて十分長く設計するため，C の端子間電圧は近似的に $V_1 - V_r$ のまま維持され，出力の電位 $-(V_1 - V_r)$ はほとんど変化しない．すなわち，入力の電位レベルに応じて出力は，

$v_i = V_1$ の時……$v_o = V_r$

$v_i = 0$ の時……$v_o = V_r - V_1$

の電位レベルに落ち着くので，出力 v_o には常時 $v_i - (V_1 - V_r)$ の電位のパルスが生じる．これは，入力波形の上端が V_r にクランプされた状態を意味する．交流増幅回路を通した波形は直流分がなくなるが，この回路を通すことで任意の直流レベルを載せることができる．このため，直流再生回路とも言われる．また，D の向きを逆にすると下端を固定する回路になる．

次に，ダイオードを用いた非線形回路の他の例として，OP アンプと組み合わせて構成した理想ダイオード回路および包絡線検出回路について学習する．

7-6 理想ダイオード回路

ダイオード D をコンデンサと組み合わせることにより交流信号の正の半分を取り出す半波整流回路を構成できるが，D の非線形性により波形が歪むという問題がある．このような波形歪みを生じない理想ダイオード回路を図 7-8（a）に示す．入力電圧 v_i が正の場合には，OP アンプ出力が負になるため，D_2 が逆方向にバイアスされオフになる．このため，R_1 からの電流 I_1 は D_1 に流れる．R_2 には電流が流れないため，出力 v_o は OP アンプの入力端子電位に等しくなり，0 V になる．入力電圧 v_i が負の場合には，OP アンプ出力が正になるため，D_2 がオン状態となる．この時，D_1 は逆方向にバイアスされるのでオフとなり，出力端子からの電流 I_2 は R_2 から R_1 に向けて流れる．よって，負入力に対する出力電圧 v_o は $-\dfrac{R_2}{R_1}v_i$ となり，入力を係数倍した値となる．実際に同図（c）に示すように，正弦波の負の半分を $-\dfrac{R_2}{R_1}$ 倍した半波整流波形を得ることができる．この回路の入出力特性は同図（b）に示したとおり，直線になるため，歪みのない波形が得られる．

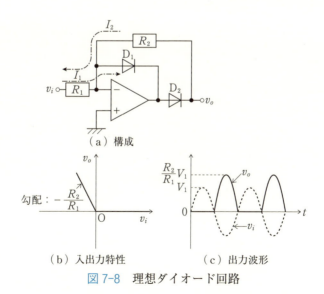

図 7-8　理想ダイオード回路

7-7 包絡線検出回路

アナログ信号のピークレベルを検出し，次の電位上昇まで弱く放電させながらも保持することにより包絡線を検出する回路を図7-9（a）に示す．これは包絡線検波回路として知られる．入力電圧 v_i が上昇する際には D_2 がオンしてコンデンサ C を充電するため，C の端子電位 v_c は入力電圧と等しく，OPアンプ A_2 からなるバッファを介して出力される．すなわち，$v_o = v_c = v_i$ となる．一方，入力が C の端子電位 $v_c (= v_o)$ よりも低くなると，OPアンプ A_1 の出力が C の充電電位 v_c よりも低下するため，D_2 がオフ状態になる．すると，C に充電された電荷は R を介して放電されるが，放電時定数が大きいため，ある程度は維持される．この場合，ピークレベル近くに保持された電位と同じレベルの出力 v_o が R_1 を介して帰還されるため，D_1 はオン状態に置かれる．このようにして，同図（b）のように信号の包絡線を検波した波形を得ることができる．例としては，搬送波を整流する検波回路等に応用しうる．なお，抵抗 R の代わりにスイッチを設け，保持期間にサンプリングするように構成すると，ピーク検出回路となる．

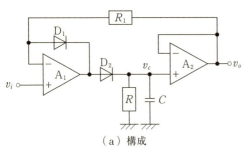

（a）構成　　　　　　　　　　　　　　（b）動作波形

図7-9　包絡線検出回路

章末問題 7

1. $-V_r$ 以下の入力信号をクリップするクリッパにつき,回路構成を示し,かつその動作を説明しなさい.
2. 図 7-5 に示したツェナーダイオードリミッタで,ツェナーダイオード ZD_1 のツェナー電圧 V_z が 4 V,ツェナーダイオード ZD_2 の V_z が 6 V の時,入出力特性はどのようになるか示しなさい.
3. 図 7-7 に示したクランプ回路において,図 7-10 に示したようなパルス波形が入力された時,どのようにクランプされた出力波形が生じるかを示しなさい.ただし,$V_r < V_1$ とする.

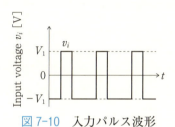

図 7-10　入力パルス波形

第8章

発振器

　PCをはじめとして，携帯電話，スマートフォン，電子レンジ等家庭電化製品の機器や計測器等を動作させるための基準信号供給源あるいはキャリヤ等の信号供給源として発振器が数多く使われている．これらの発振器にはLC発振器，RC発振器，水晶発振器等が知られており，それらの構成や原理について学習する．

発振器は大別すると「正弦波発振器」と，パルス発振器，のこぎり波発振器，方形波発振器からなる「特殊波形発振器」の2種類に分類される．

　このうち，正弦波発振器には，①低周波用のRC発振器，②高周波用のLC発振器，③周波数安定性に優れた高周波用の水晶発振器，④超高周波帯のμ波を発振するマイクロ波電子管（マグネトロン，クライストロン，進行波管）・マイクロ波半導体素子（ガンダイオード），⑤光を発振するレーザが知られている．これらの発振器の発振周波範囲を図8-1にまとめて示す．

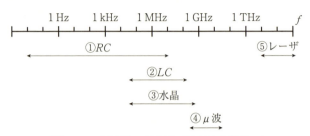

図8-1　発振器の種類と発振周波数範囲

　①～⑤の発振器を構成上から分類すると，以下の2つに分けられる．

$\begin{cases} 帰還発振器……増幅回路と帰還回路から構成 \\ 負性抵抗発振器……エサキダイオードと\,L,\,C\,から構成 \end{cases}$

　負性抵抗発振器は，負コンダクタンス素子を用いることから負コンダクタンス発振器とも言われている．

8-1　帰還発振器

　帰還発振器は，5-4で述べた帰還増幅器で，出力の一部を入力に帰還させ正帰還アンプを構成することにより，規則的な電圧の変動を生じるものである．発振するのは，微小雑音等が原因となって入力信号が入ると増幅されて出力され，その信号が帰還されることにより，入力信号を供給せずとも一定の振動を持続するように動作するからである．今，A_0を増幅回路の電圧利得，β_fを帰還回路の帰還率，ループ利得を$T = A_0\beta_f$として，帰還増幅器の利得A_{Vf}を表すと，(5-21)式に示したように，

$$A_{Vf} = \frac{A_0}{1-T}$$

である．発振器では通常の帰還増幅器とは異なり以下のような動作原理で発振が起こる．$T > 1$ の時，入力 v_i と同位相の出力成分が増幅され，v_i よりも大きな出力となって再び入力側に戻る．このような動作が繰り返されて，振幅が次第に増大する．このため，

$\boxed{T > 1 \cdots\cdots 発振成長条件}$

という．発振振幅が増大するに伴い，出力が飽和するので，利得は減少する．やがて，一定振幅の持続振動状態に落ち着く．この時，$T = 1$ になり，

$\boxed{T = 1 \cdots\cdots 発振持続条件（Barkhausen の発振条件）}$

と称している．これを発振条件ともいう．

一般には，A_0 や β_f にはリアクタンス成分が含まれるため，T は複素数になる．したがって，$T = A_0\beta_f$ は実部，虚部に分けられるため，一般的な発振条件（$T = 1$）は，

$$\mathrm{R_e}(A_0\beta_f) = 1 \quad （振幅条件） \tag{8-1}$$

$$\mathrm{I_m}(A_0\beta_f) = 0 \quad （周波数条件） \tag{8-2}$$

に分割され，(8-1)式の振幅条件からは定常状態における増幅回路利得が決定される．また，(8-2)式の周波数条件からは発振周波数を求めることができる．

（1） LC 発振器

コイル L とコンデンサ C で帰還回路を構成したものが LC 発振器である．主に，100 kHz〜100 MHz 以上の周波数領域をカバーする．一般的には，図 8-2 に示すようなエミッタ接地増幅器と 3 つのリアクタンスからなる正帰還アンプで構成される．出力電圧 V_b は，$h_{fe} \cdot i_b = \dfrac{h_{fe}}{h_{ie}} V_b = g_m V_b$，$R_1 = R_b // h_{ie}$ とすると，図 8-3 に示す等価回路より，

$$V_b = -g_m V_b \cdot \frac{Z_3}{Z_3 + Z_2 + Z_1 // R_1} \cdot (Z_1 // R_1) \tag{8-3}$$

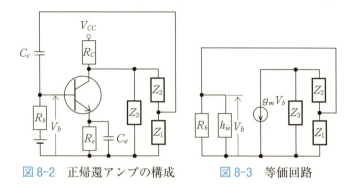

図 8-2　正帰還アンプの構成　　図 8-3　等価回路

で表せる．Z_1, Z_2, Z_3 は各インピーダンスを表す．変形すると，

$$1 = -\frac{g_m Z_1 Z_3 R_1}{(Z_3 + Z_2)(Z_1 + R_1) + Z_1 R_1} \tag{8-4}$$

が導かれる．この式で右辺はループ利得（T）を表している．これより，以下の発振条件が得られる．

$$(Z_1 + Z_2 + Z_3)R_1 + Z_1(Z_2 + Z_3 + g_m R_1 Z_3) = 0$$

ここで，$R_b \gg h_{ie}$ ならば，$R_1 \fallingdotseq h_{ie}$，$g_m R_1 \fallingdotseq h_{fe}$ だから，

$$(Z_1 + Z_2 + Z_3)h_{ie} + Z_1(Z_2 + Z_3 + h_{fe} Z_3) = 0 \tag{8-5}$$

ここに，$Z_1 + Z_2 + Z_3$ は L または C で構成されることを考慮すると純虚数であり，それぞれの虚数部，実数部が 0 になるため，(8-5)式は，

$$Z_1 + Z_2 + Z_3 = 0 \text{：周波数条件} \tag{8-6}$$

$$Z_2 = -(1 + h_{fe})Z_3 \quad (i.e.\ Z_1 = h_{fe} Z_3)\text{：振幅条件} \tag{8-7}$$

と等価である．これら 2 つの条件式から，Z_1 と Z_3 は同符号，Z_2 は Z_1 および Z_3 とは異なる符号であることが分かる．したがって，Z_1, Z_2, Z_3 の構成としては以下の 2 通りの組み合わせしかない．

① Z_1 と Z_3 が誘導性（L），Z_2 が容量性（C）
② Z_1 と Z_3 が容量性（C），Z_2 が誘導性（L）

このような3つのリアクタンスからなるトランジスタ発振回路の構成法を3点接続法といい，その発振回路を3点接続回路という．具体的には，①はハートレー発振器，②はコルピッツ発振器と名付けられている．

(8-7)式は，$Z_3 = jX_3$，$Z_1 = jX_1$ のようなリアクタンスを用いた式で表すと $X_1 = h_{fe}X_3$ であるが，これは定常発振状態での条件を示している．一方，発振が成長するための条件は(8-4)式の右辺（ループ利得 T）> 1 であるから，

$$(Z_1 + Z_2 + Z_3)h_{ie} + Z_1(Z_2 + Z_3 + h_{fe}Z_3) < 0 \tag{8-8}$$

となる．この式は(8-6)式の周波数条件をも満たすため，$Z_1(h_{fe}Z_3 - Z_1) < 0$ が得られる．ここで，Z_1, Z_3 を X_1, X_3 のリアクタンスを用いて表すと，$jX_1(h_{fe}jX_3 - jX_1) < 0$ であるから，$h_{fe}X_3 > X_1$ と変形でき，

$$h_{fe} > \frac{X_1}{X_3} \tag{8-9}$$

となる．

（2） コルピッツ発振器

コルピッツ発振器は，Z_1 と Z_3 を C，Z_2 を L で構成したトランジスタ発振器であり，図8-4に基本回路と回路構成の一例を示す．周波数条件は，

$$Z_1 + Z_2 + Z_3 = \frac{1}{j\omega C_1} + j\omega L + \frac{1}{j\omega C_2} = j\left\{\omega L - \frac{1}{\omega}\left(\frac{1}{C_1} + \frac{1}{C_2}\right)\right\} = 0 \tag{8-10}$$

であるから，発振周波数は，

$$f = \frac{1}{2\pi}\sqrt{\frac{1}{L}\left(\frac{1}{C_1} + \frac{1}{C_2}\right)} \tag{8-11}$$

となる．また，振幅条件に入れると，$\frac{1}{j\omega C_1} = h_{fe} \cdot \frac{1}{j\omega C_2}$ であるから，

$$C_2 = h_{fe} \cdot C_1 \tag{8-12}$$

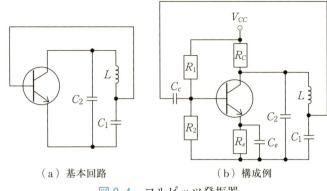

(a) 基本回路　　　　　　　(b) 構成例

図 8-4　コルピッツ発振器

が得られる．これは振動振幅が安定する条件を意味し，振幅が成長する条件は，

$$h_{fe} > \frac{X_1}{X_3} = \frac{\frac{1}{\omega C_1}}{\frac{1}{\omega C_2}}$$ より，

$$C_2 < h_{fe} \cdot C_1 \tag{8-13}$$

となる．この回路では，帰還回路が低域フィルタを構成しているため，高周波成分が少なく，発振波形が良いという特徴がある．

（3）ハートレー発振器

図 8-5 にハートレー発振器の基本回路と構成例を示す．これは，Z_1 と Z_3 を L，Z_2 を C で構成したトランジスタ発振器であり，フートキューン発振器とも言われている．3つのリアクタンスを周波数条件に当てはめると，

$$Z_1 + Z_2 + Z_3 = j\omega L_1 + j\omega L_2 + \frac{1}{j\omega C} = 0 \tag{8-14}$$

が得られ，以下の発振周波数を導出できる．

$$f = \frac{1}{2\pi\sqrt{(L_1 + L_2)C}} \tag{8-15}$$

また，振幅条件（$Z_1 = h_{fe} \cdot Z_3$）に入れると，振動振幅が安定する条件

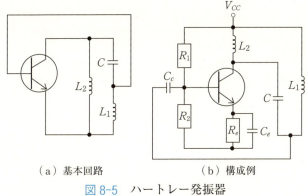

（a）基本回路　　　　　（b）構成例

図 8-5　ハートレー発振器

$$j\omega L_1 = h_{fe} \cdot j\omega L_2 : L_1 = h_{fe} \cdot L_2 \tag{8-16}$$

が得られる．また，振幅が成長する条件は，$h_{fe} > \dfrac{X_1}{X_3} = \dfrac{\omega L_1}{\omega L_2}$ より

$$L_1 < h_{fe} \cdot L_2 \tag{8-17}$$

となる．この回路は 1 個の可変コンデンサを使用することにより周波数を容易に可変できる，高周波の発振が容易である，L_1 と L_2 をオートトランスで構成できる等の特徴を備えており，実用上広く使用されている．

8-2　水晶発振器

前節に紹介した LC 発振器では温度変化や電源電圧変動に伴う L，C やトランジスタ等の素子定数の変化，負荷の変動により周波数が変動する．無線送信設備からの発射電波としては $10^{-5} \sim 10^{-7}$ 程度の安定度が求められているし，周波数計測機器では 10^{-9} 程度の高い安定度を必要とされるものもある．このような特性を実現するのは，通常の LC 発振器では難しい．

高安定の発振器としては水晶振動子を用いた水晶発振器が適している．この水晶振動子は圧電効果により結晶の弾性定数と物理的な形状・大きさで決まる固有弾性振動数で振動を行い，これが極めて安定であるからである．この水晶発振器は，1 $\times 10^{-6} \sim 1 \times 10^{-9}$ 程度と周波数安定度（平均の発振周波数を f_0，平均値からの最大周波数変動幅を Δf とした時，$\dfrac{\Delta f}{f_0}$ で定義される）の高い発振が可能という特徴

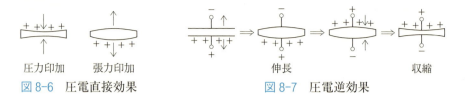

図 8-6　圧電直接効果　　　　　　図 8-7　圧電逆効果

を備えている．圧電効果には，圧力や張力を印加することにより電荷を誘起する圧電直接効果（図 8-6）と電界を印加することにより伸縮を行う圧電逆効果（図 8-7）がある．これら 2 つの効果が相互に作用することにより振動を起こす．すなわち，交流電圧を加えると伸縮するに伴い内部応力が加わって歪みが生じ，この歪みにより起電力が発生するという作用を，圧電効果あるいはピエゾ効果と称しているが，この作用により振動子が共振振動現象を示す．水晶振動子はデバイスの固有振動周波数に等しい高周波を印加すると機械的振動・振動電圧が最大になり，いわゆる固有弾性振動を起こす．このような性質を利用したものが水晶発振器である．

　水晶振動子の表記記号とその等価電気回路を図 8-8 に示す．L_0, C_0, R_0 は水晶振動子の固有振動を表すパラメータであり，C_1 は電極間容量である．詳しくは，L_0 は水晶の質量に相当するもの，C_0 は弾性的な変位に相当するもの，R_0 は機械的な損失に相当するものである．水晶振動子のみの直列インピーダンスは，

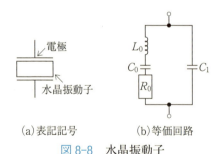

(a) 表記記号　　　(b) 等価回路

図 8-8　水晶振動子

$$Z_s = R_0 + j\left(\omega L_0 - \frac{1}{\omega C_0}\right) \tag{8-18}$$

で与えられる．これから直列共振状態になるのは，虚数部が 0 になる，$\omega L_0 - \dfrac{1}{\omega C_0} = 0$ の時である．この場合，回路電流は最大になる．よって，直列共振周波数は，

$$f_s = \frac{1}{2\pi\sqrt{L_0 C_0}} \qquad (8\text{-}19)$$

となる．

一方，等価回路における並列回路全体のインピーダンスは，

$$Z_p = \cfrac{1}{\cfrac{1}{R_0 + j\left(\omega L_0 - \cfrac{1}{\omega C_0}\right)} + j\omega C_1} = \cfrac{R_0 + j\left(\omega L_0 - \cfrac{1}{\omega C_0}\right)}{1 - \omega C_1\left(\omega L_0 - \cfrac{1}{\omega C_0}\right) + j\omega C_1 R_0} \qquad (8\text{-}20)$$

である．$R_0 \sim 0$ を仮定すると，リアクタンス X は，

$$X = \cfrac{\omega L_0 - \cfrac{1}{\omega C_0}}{1 - \omega C_1\left(\omega L_0 - \cfrac{1}{\omega C_0}\right)} \qquad (8\text{-}21)$$

と書ける．したがって，並列共振状態になるのは $X = \infty$ で，電源からの流入電流が最小になる時なので，

$$1 - \omega C_1\left(\omega L_0 - \frac{1}{\omega C_0}\right) = 0 \qquad (8\text{-}22)$$

$$\omega^2 = \frac{1 + \cfrac{C_1}{C_0}}{L_0 C_1} = \frac{1}{L_0 C_0}\left(1 + \frac{C_0}{C_1}\right)$$

となり，並列共振周波数 f_p は，

$$f_p = \frac{1}{2\pi\sqrt{L_0 C_0}}\sqrt{1 + \frac{C_0}{C_1}} = f_s\sqrt{1 + \frac{C_0}{C_1}} \qquad (8\text{-}23)$$

で与えられる．通常，水晶振動子はこれら2つの共振周波数の間の状態で使用されるが，一般に $C_1 \gg C_0$ なので，f_s と f_p は非常に近く，この間の誘導性として作用する領域（図8-9）で動作させる．この範囲では周波数のわずかな変化に対するリアクタンス変化が大きく，発振回路が発振動作をしている時は発振条件を維持すべく X を固定値に維持するように動作するので，狭い周波数範囲で安定的に発振す

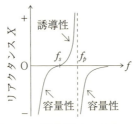

図 8-9　端子間リアクタンス

る．前述の L の素子として動作させると，Q が高く安定度の高い発振器を構成できる．ちなみに，$R_0 = 0.2 \sim 0.4\,\Omega$ と小さいため，Q は $Q = \dfrac{2\pi f_s L}{R_0} = 2 \sim 6 \times 10^6$ 程度の値にもなり，通常の LC 発振器の数十〜数百よりもはるかに大きいことがわかる．

（1）　並列共振を用いた発振回路

図 8-10 に水晶振動子の並列共振を用いたピアス BE 形発振回路の構成例と等価回路を示す．この回路では，B-E 間に水晶を挿入し，LC 共振回路が誘導性リアクタンス（L'）となるようその共振周波数を発振周波数よりもやや高く調整すると，ハートレー発振器の発振条件を満たすように動作する．この場合，水晶は L 成分になり，リアクタンス $|Z_1|$ が大きいほど帰還量が増大し発振しやすくなるため，安定な発振状態は，f_p 寄りの f_s と f_p の間の高い周波数（$j\omega L$ が大の状態）で生じるようになる．

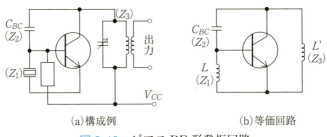

(a) 構成例　　　　　　(b) 等価回路

図 8-10　ピアス BE 形発振回路

（2） 直列共振を用いた発振回路

図 8-11 に水晶振動子の直列共振を用いたピアス CB 形発振回路の構成例と等価回路を示す．これは，C-B 間に水晶を接続し，LC 並列共振回路が容量性リアクタンス（C'）となるようにその共振周波数を発振周波数よりも低く調整すると，コルピッツ発振器の発振条件を満たすように動作する．この時，水晶は L 性を示すが，リアクタンス $|Z_2|$ が小さいほど帰還量が増大するから，安定的な発振は f_s に近い f_s と f_p の間の低い周波数（$j\omega L$ が小の状態）で起こるようになる．

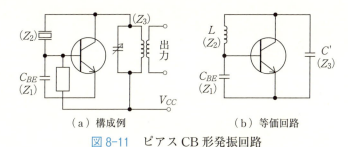

図 8-11　ピアス CB 形発振回路

（3） PLL 水晶発振回路

PLL（Phase-Locked Loop）と水晶発振器とを組み合わせることにより，広い範囲に渡る発振周波数を実現できる．PLL は，入力信号と電圧制御発振器（VCO）出力の周波数差・位相差を検出する位相比較器に VCO 出力から帰還をかけ，入出力の周波数差が小さくなるように VCO の電圧を制御する方式である．このような負帰還により，周波数が自動的に制御される．この原理を水晶発振器に適用したものが図 8-12 の PLL 水晶発振回路である．低域フィルタ LPF は位相比較器の出力から高周波分やノイズを除去して VCO 制御電圧を得るためのものである．水晶発振器の安定した基準信号周波数を f_c とすると，分周器の出力周波数は $f_1 = \frac{1}{m} f_c$（m は整数）であり，PLL がロック状態時の位相比較器の入力周波数間には $f_1 = f_2$ の関係が成り立つ．VCO 出力（周波数 f_0）を帰還した分周器出力は $f_2 = \frac{1}{n} f_0$（n は整数）であるから，

$$f_0 = n f_1 = \frac{n}{m} f_c \tag{8-24}$$

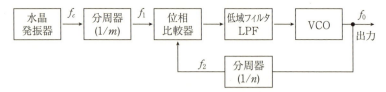

図 8-12　PLL 水晶発振回路の構成

が成り立つ．水晶発振器の f_c は安定しているため，n の値を変えると，広範囲に渡る，離散的な周波数の安定した出力信号を発振できる．いわゆるシンセサイザを構成でき，PC や無線送信機器等に応用されている．

8-3　RC 発振回路

低周波用の発振器として RC 発振回路が知られている．RC の組み合わせで帰還回路を形成し，正帰還をかける回路であり，各種あるが，ここでは移相形発振回路とウィーンブリッジ発振回路の 2 つを学習する．

（1）　移相形 RC 発振回路

RC 移相回路（一次遅れ回路あるいは一次進み回路）は 1 段で 90° 未満の位相シフトを生じるので，これを 3 段接続すると，あるところで 180° の位相差が生じる．よって，この 3 段 RC 移相回路を帰還回路として所要利得の反転アンプにつないで帰還増幅器を構成すると，発振器となる．これが移相形 RC 発振回路である．図 8-13 に一次遅れ回路（遅相形）による移相形 RC 発振回路の構成を示す．R と C の積分回路を 3 段従属した RC 移相回路の出力をバッファを介して反転アンプに帰還した構成からなる．RC 移相回路を解析すると，各ループ電流を I_1, I_2, I_3, $Z = \dfrac{1}{j\omega C}$ として，

$$(R + Z)I_1 - ZI_2 = V_i \tag{8-25}$$

$$-ZI_1 + (R + 2Z)I_2 - ZI_3 = 0 \tag{8-26}$$

$$-ZI_2 + (R + 2Z)I_3 = 0 \tag{8-27}$$

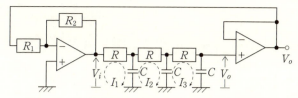

図 8-13　移相形 RC 発振回路の構成（遅相形）

これらの連立方程式を解くと，

$$I_3 = \frac{Z^2}{R^3 + 5R^2Z + 6RZ^2 + Z^3} V_i$$

したがって，出力電圧として (8-28) 式が得られる．

$$V_o = ZI_3 = \frac{Z^3}{R^3 + 5R^2Z + 6RZ^2 + Z^3} V_i \tag{8-28}$$

これから帰還率 β_f は，

$$\beta_f = \frac{V_o}{V_i} = \frac{Z^3}{R^3 + 5R^2Z + 6RZ^2 + Z^3} \tag{8-29}$$

となる．反転アンプの電圧利得を A_0 として発振条件を表すと，$A_0 \cdot \beta_f = 1$ であるから，

$$A_0 \cdot \beta_f = A_0 \cdot \frac{Z^3}{R^3 + 5R^2Z + 6RZ^2 + Z^3} = 1 \tag{8-30}$$

書き換えると，

$$A_0 = \frac{R^3 + 5R^2Z + 6RZ^2 + Z^3}{Z^3} = \left(\frac{R}{Z}\right)^3 + 5\left(\frac{R}{Z}\right)^2 + 6\left(\frac{R}{Z}\right) + 1$$

である．$Z = \dfrac{1}{j\omega C}$ を用いて ω の変数表示に戻すと，

$$A_0 = -j(\omega CR)^3 - 5(\omega CR)^2 + 6j(\omega CR) + 1 \tag{8-31}$$

A_0 は実数であるから，虚数部 $= 0$ となる．

$$-(\omega CR)^3 + 6(\omega CR) = 0$$

これから，周波数条件として，

$$\omega = \frac{\sqrt{6}}{CR} \tag{8-32}$$

が得られる．すなわち，発振周波数は $f = \dfrac{\sqrt{6}}{2\pi CR}$ である．この時，反転アンプの利得は，

$$A_0 = -29 \tag{8-33}$$

となる．

　一次進み形（進相形）の移相回路を用いた場合も発振回路を図 8-14 に示すように構成でき，同様に解析すると，$A_0 = -29$, $f = \dfrac{1}{2\pi\sqrt{6}\,CR}$ の値が得られる．これら移相形発振回路は低周波（数 Hz 〜 1 MHz 程度）の発振に適しているが，歪み率はやや良くない．

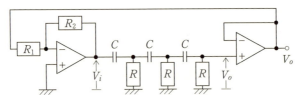

図 8-14　移相形 RC 発振回路の構成（進相形）

（2）ウィーンブリッジ発振回路

　R, C の直並列回路を用いると，ある周波数で遅れ進みが打ち消し合うことにより入出力間の位相差が 0 になる．この回路を帰還回路に用い，同相アンプ出力を分圧抵抗で分圧したものと RC 直並列帰還回路での分圧出力の差を増幅するようにし，分圧抵抗により負帰還をかけたものがウィーンブリッジ回路であり，本質的には同じ原理で知られるターマン発振回路の構成と同じである．

　ウィーンブリッジの基本回路の構成を図 8-15 に示す．参考のために，ターマン発振器の構成を図 8-16 に示すが，ウィーンブリッジ発振回路は同相アンプを抵抗と OP アンプを用いて非反転アンプとして構成しており，ターマン発振器の一種と

第 8 章 発振器

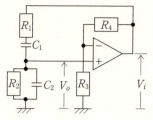

図 8-15 ウィーンブリッジ発振回路の構成

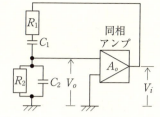

図 8-16 ターマン発振器の構成

考えられる．R_1, C_1, R_2, C_2 が RC 直並列帰還回路，R_3, R_4 が同相アンプ出力の分圧抵抗である．R_3 と R_4 は同相アンプの利得をも規定している．今，$Z_1 = \dfrac{1}{j\omega C_1}$，$Z_2 = \dfrac{1}{j\omega C_2}$ とおくと，入出力間の関係は，

$$V_o = \frac{R_2 Z_2}{(R_1 + Z_1)(R_2 + Z_2) + R_2 Z_2} V_i \tag{8-34}$$

と記載できる．帰還率 β_f は，

$$\beta_f = \frac{V_o}{V_i} = \frac{R_2 Z_2}{(R_1 + Z_1)(R_2 + Z_2) + R_2 Z_2} \tag{8-35}$$

となる．ここで，$C_1 = C_2 = C$, $R_1 = R_2 = R$ とすると，

$$\beta_f = \frac{1}{3 + j\left(\omega CR - \dfrac{1}{\omega CR}\right)} \tag{8-36}$$

同相アンプの利得を A_0 とすると，

$$A_0 = \frac{V_i}{V_o} = \frac{R_3 + R_4}{R_3} \tag{8-37}$$

発振が持続するための条件としては，$A_0 \cdot \beta_f = 1$ が必要であるから，(8-36)式の虚数部＝0 となる．すなわち，次の周波数条件から，

$$\omega CR - \frac{1}{\omega CR} = 0 \tag{8-38}$$

$$\omega = \frac{1}{CR}$$

$$f = \frac{1}{2\pi CR} \tag{8-39}$$

の発振周波数が得られる．この時，$\beta_f = \frac{1}{3}$ になるので，振幅条件は，

$$A_0 \cdot \beta_f = \frac{R_3 + R_4}{R_3} \cdot \frac{1}{3} = 1 \tag{8-40}$$

となる．これより，$\frac{R_4}{R_3} = 2$ なので，必要なアンプの利得としては $A_0 = 3$ となる．

実際の回路では，一般に AGC を行って利得条件が決まるようにしている．この発振器は発振が安定であり，波形歪みが小さいので，低周波発振器として広く用いられている．

章末問題 8

1. LC 発振器における主な周波数変動要因として何が考えられるかを述べなさい．
2. コルピッツ発振器を $100\,\mathrm{kHz}$ で発振させるには L の値をいくらにすればよいか求めなさい．ただし，$C_1 = 0.005\,\mathrm{\mu F}$，$C_2 = 0.003\,\mathrm{\mu F}$ とする．
3. ハートレー発振器を $200\,\mathrm{kHz}$ で発振させるには，L_1，C をいくらにすればよいか．$L_2 = 0.1\,\mathrm{mH}$，$h_{fe} = 100$ として発振条件から求めなさい．
4. ハートレー発振器を構成するコンデンサ容量が1%増大すると，発振周波数はいくら変化するか求めなさい．
5. 水晶振動子の固有振動を表すパラメータが $L_0 = 14\,\mathrm{mH}$，$C_0 = 0.22\,\mathrm{pF}$，$C_1 = 80\,\mathrm{pF}$，$R_0 = 0\,\Omega$ の時，そのインピーダンスが L 性になる周波数範囲 Δf を算出しなさい．また，その範囲が直列共振周波数 f_s の何%になるかを求めなさい．
6. 図 8-14 の一次進み形（進相形）の RC 移相回路を用いた移相形 RC 発振回路の発振条件（周波数条件と振幅条件）を求め，発振周波数を導出する式を求めなさい．
7. ウィーンブリッジ発振回路にて，$R = 100\,\mathrm{k\Omega} \sim 1\,\mathrm{M\Omega}$ の可変抵抗を用いて 200〜1500 Hz の発振信号を出力させるためには C をいくらにすればよいか計算しなさい．ただし，同相アンプの利得は3，直並列抵抗，コンデンサの値は同じとする．

第 9 章

パルス発生回路

　正弦波以外にも方形波，のこぎり波，三角波等があり，パルス波形と称せられる．これら波形には，周期的な連続パルスと単一のパルスとがある．これらは，ディジタルIC・信号処理回路の制御，TVの掃引，計測装置等に用いられている．本章では，このようなパルス波形のうち方形波発生用のマルチバイブレータ，のこぎり波発生用のミラー積分回路・ブートストラップ回路等について学習する．

9-1 マルチバイブレータ

　方形波のパルス列を発生するものにマルチバイブレータがある．このマルチバイブレータとしては，交流結合構成で自走発振する無安定形，交流・直流の複合結合構成で，外部信号により状態遷移を開始して自動的に元の状態に戻る単安定形，直流結合構成で，外部信号の入力ごとに状態遷移を起こす双安定形の3種類のパルス発生回路がある．これらの回路は，トランジスタ増幅器を2段従属接続し，出力を入力に帰還させた一種の帰還増幅器で構成され，正帰還をかけながら動作させている．構成での分類をすると，以下のようになる．

$$\begin{cases} 1. 無安定形……方形波発振器（交流結合）\\ 2. 単安定形……遅延回路（交流結合＋直流結合）\\ 3. 双安定形……記憶回路（直流結合）\end{cases}$$

（1）　無安定マルチバイブレータ

　このマルチバイブレータは，図9-1（a）に示すように2つの反転アンプの交流結合回路で構成されており，外部からのトリガ信号がなくとも自走発振を起こし，周期的に方形波を発生し続けることができる．以下に，同図（b）の動作波形を参照しながら動作原理を述べる．ただし，トランジスタのB-E間のオン電圧（しきい値電圧よりもやや高い飽和状態での電圧 1.4 V 程度を意味する）を V_B，C-E間のオン時の飽和電圧を V_{CES}（0.2 V 程度）とする．

① 初期状態（$t = t_1$）：電源が入り，Tr_1 ＝オフ，Tr_2 ＝オンの初期状態になったとする．この時，$v_{B1} = -V_{CC}$，$v_{c1} = V_{CES}$，$v_{B2} = V_B$，$v_{c2} = V_{CES}$

② T_1 の期間（$t = t_1 \sim t_2$）：Tr_1 ＝オフ，Tr_2 ＝オン
　・Tr_1 はオフのまま，C_1 が経路①の電流により充電され，$R_{C1}C_1$ の時定数でのコレクタ電位が V_{CC} に向かって上昇する．
　・C_2 の蓄積電荷は経路③の電流により放電し，さらに C_2 は V_{CC} に向かって充電されるため，v_{B1} は $-V_{CC}$ から V_{CC} に向かって上昇する．この放電時定数は，$\tau = \{R_2 + R_{on}(Tr_2)\}C_2$ である．
　↓

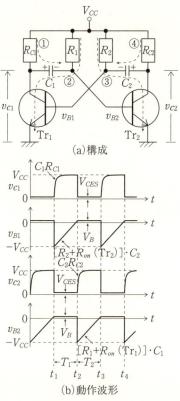

図 9-1 無安定マルチバイブレータ

- v_{B1} がしきい値電圧を越えると Tr_1 は弱いオン状態になり，$v_{B1} \geqq V_B$ になった時 $(t = t_2)$，Tr_1 がオンになる．

  ↓

- v_{c1} が V_{CC} から V_{CES} に瞬時に降下する．

  ↓

- C_1 を介して v_{c1} の変化に追従し v_{B2} が瞬時に $-V_{CC}$ に遷移する．

  ↓

- Tr_2 のベース電流 i_{B2} が遮断し，Tr_2 がオンからオフに切り替わる．

｝反転動作

③ $t = t_2$ の時点：$v_{c1} = V_{CES}$，$v_{B1} = V_B$，$v_{c2} = V_{CES}$，$v_{B2} = -V_{CC}$

④ T_2 の期間 $(t = t_2 \sim t_3)$：$\mathrm{Tr}_1 = $ オン，$\mathrm{Tr}_2 = $ オフ

- Tr_2 はオフのまま，C_2 が経路④の電流により $R_{C2}C_2$ の時定数で充電され，

そのコレクタ電位が V_{CC} に向かって上昇する.

・C_1 の蓄積電荷は経路②による電流により放電し,さらに C_1 は V_{CC} に向かって充電されるため,v_{B2} は $-V_{CC}$ から V_{CC} に向かって上昇する.この放電時定数は,$\tau = \{R_1 + R_{on}(\mathrm{Tr}_1)\}C_1$ である.

↓

・$v_{B2} \geqq V_B$ になった時 $(t = t_3)$,Tr_2 がオンになる.

↓

・反転動作により Tr_1 がオンからオフに切り替わる.

以後,上記状態遷移の繰り返しで,周期的な方形波パルスを発生する.この無安定マルチバイブレータの特徴は,期間 T_1,T_2 において Tr_1,Tr_2 のベース電位 v_{B1},v_{B2} のいずれかが変化している準安定状態を基本に動作している点である.このような2つの準安定状態を繰り返すことで周期的パルスを発生している.

次に,方形波の発振周期を求めてみよう.T_2 の期間では,前の期間に①の経路で充電された C_1 の蓄積電荷 $\Delta Q \fallingdotseq C_1 \cdot V_{CC}$ が②の経路で Tr_1 と R_1 を通してほぼ時定数 $\tau = C_1 \cdot R_1$ で放電し,v_{B2} は V_{CC} に向けて上昇することを考慮して,v_{B2} の時間変化を求める.放電電流を i とすると,Tr_1 のオン抵抗 $R_{on}(\mathrm{Tr}_1)$ は小さいため無視して,

$$V_{CC} = R_1 \cdot i + \frac{1}{C_1}\int i\,dt - V_{CC} \tag{9-1}$$

$$v_{B2}(t) = \frac{1}{C_1}\int i\,dt - V_{CC} = V_{CC} - R_1 \cdot i \tag{9-2}$$

$$初期条件:i(0) = \frac{V_{CC} - (-V_{CC})}{R_1} = \frac{2V_{CC}}{R_1} \tag{9-3}$$

が成り立つ.(9-1)式を微分して i を求めると,

$$\frac{di}{dt} + \frac{i}{C_1 R_1} = 0 \tag{9-4}$$

$$\therefore i = A \cdot \exp\left(-\frac{t}{C_1 R_1}\right) \tag{9-5}$$

(9-3)式の初期条件から,$A = \dfrac{2V_{CC}}{R_1}$

$$\therefore i = \frac{2V_{CC}}{R_1} \cdot \exp\left(-\frac{t}{C_1 R_1}\right) \qquad (9\text{-}6)$$

$$\therefore v_{B2}(t) = V_{CC} - R_1 \cdot i = V_{CC}\left\{1 - 2\exp\left(-\frac{t}{C_1 R_1}\right)\right\} \qquad (9\text{-}7)$$

$v_{B2}(t) = V_B$（～0 V と見なす）になる $t = t_3$ の時，再度状態遷移が起こるため，Tr_2 のオフの持続時間 T_2 は，$V_{CC}\left\{1 - 2\exp\left(-\frac{t}{C_1 R_1}\right)\right\} = 0$ より，

$$T_2 = (\ln 2)C_1 R_1 \sim 0.7\, C_1 R_1 \qquad (9\text{-}8)$$

Tr_1 のオフの持続時間 T_1 も同様にして，

$$T_1 = (\ln 2)C_2 R_2 \sim 0.7\, C_2 R_2 \qquad (9\text{-}9)$$

となる．したがって，無安定マルチバイブレータの発振周期 T は，

$$T = T_1 + T_2 \sim 0.7(C_1 R_1 + C_2 R_2) \qquad (9\text{-}10)$$

となる．

（2） 単安定マルチバイブレータ

単安定マルチバイブレータは，一方の反転アンプとの結合を交流結合，他方の反転アンプとの結合を抵抗による直流結合としたもので，トリガ信号が入力されるごとに一定幅のパルスを発生する回路である．結合回路の構成により2種類の回路があるが，ここではコレクタベース結合形を紹介する．図9-2（a）にその回路構成を示し，以下にその動作原理を述べる．この回路では，Tr_2 のコレクタから Tr_1 のベースに帰還がかけられている．

① トリガ入力なし：Tr_1 オフ，Tr_2 オンの安定状態
- Tr_2 に $\dfrac{V_{CC}}{R}$ のベース電流が流れ，Tr_2 は常時オン状態にある．このため，Tr_1 のベースには $v_{c2}(\sim 0\,\mathrm{V})$ と $-V_{BB}$ により $-\dfrac{R_1}{R_1 + R_2}V_{BB}$ のバイアスがかかり，Tr_1 はオフ状態になっている．
- R_{C1} を介しての経路①の充電電流により C には V_{CC} の電圧が保持される．
- 回路の状態：$v_{c1} = V_{CC}$, $v_{c2} \sim 0\,\mathrm{V}$, $Q_C = C \cdot V_{CC}$

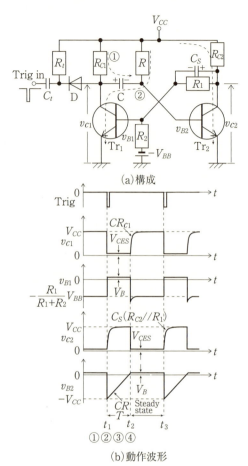

図 9-2 単安定マルチバイブレータ

② $t = t_1$：負のトリガ印加時，準安定状態

- 負方向トリガパルスを入れると，R_t と C_t により微分されたパルスが D と R_t との交点に現れる．この微分パルスのうち，負のパルスにより交点電位が下がり，D がオンになる．これにより，C の両端電位が低下し，Tr_2 のベース電位 v_{B2} を低下させる．

　　↓

- Tr_2 がオフして，コレクタ電位 v_{C2} が上昇し，スピードアップコンデンサ C_S を介して Tr_1 のベース電位 v_{B1} を上昇させる．

　　↓

- v_{B1} が瞬時にオン電圧 V_B に達して Tr_1 がオンとなり,コレクタ電位 v_{C1} が V_{CC} から V_{CES} に降下すると共に,C を介して Tr_2 のベース電位 v_{B2} はほぼ $-V_{CC}$ だけ下がる.
- 回路の状態:$v_{c1} \sim 0\,\text{V},\ v_{c2} \sim V_{CC}$

③ $t = t_1 \sim t_2$:$\text{Tr}_1 =$ オン,$\text{Tr}_2 =$ オフの準安定状態

- C に蓄積された電荷 $Q\ (= C \cdot V_{CC})$ は,経路②の電流により CR の時定数で放電し,さらに C は V_{CC} に向かって充電される.よって,この放電は無安定マルチバイブレータの図 9-1 の T_2 における動作と同じであることから,Tr_2 のベース電位の変化は,

$$v_{B2}(t) = V_{CC}\left[1 - 2\exp\left(-\frac{t}{CR}\right)\right] \tag{9-11}$$

で与えられる.この状態は $v_{B2}(t) = V_B(\sim 0\,\text{V})$ になるまで持続するので,その持続時間は,

$$T = (\ln 2)CR \sim 0.7\,CR \tag{9-12}$$

となる.

④ $t = t_2$:$v_{B2}(t) = V_B(\sim 0\,\text{V})$ の時点

- $v_{B2}(t)$ が V_B に達すると Tr_2 がオン($v_{c2} \sim V_{CES}$)になり,C_S を介してベース電位 v_{B1} を $-\dfrac{R_1}{R_1 + R_2}V_{BB}$ 以下の電位まで低下させる.この v_{B1} の低下に伴う反転動作により Tr_1 はオフ状態となる.
- コレクタ電位 v_{c1} は①の経路での充電電流により $R_{C1} \cdot C$ の時定数で上昇し,V_{CC} に達する.

本回路では,トリガを入力するごとに,Tr_2 のコレクタから時間幅 $T = 0.7\,CR$ のパルスを発生し,回路の安定状態は一つのみ存在する.

実用面では,パルス幅 T を CR の時定数で調整できるため,遅延回路への応用がなされている.

> **サプリメント**
>
> スピードアップコンデンサ C_S は，Tr_1 のベース容量による立ち上り波形のなまりを防ぐための高域の補償用コンデンサであり，Tr_1 のオフからオンへの遷移を高速化することができる．

（3） 双安定マルチバイブレータ

この回路は抵抗による二つの反転アンプとの直流結合構成からなり，常に二つの安定状態を有する．このため，フリップフロップとも称せられている．図9-3（a）にその回路構成を示す．左右対象で，相互にコレクタからベースに直流的な帰還がかけられた構成になっている．以下に，同図（b）の波形を参照しながら動作原理を述べる．

① トリガ入力なし：電源投入後 Tr_1 オフ，Tr_2 オンの安定状態にあるとすると，
$v_{c1} = V_{CC}$, $v_{c2} \sim 0\,\mathrm{V}$, $v_{B1} = -\dfrac{R_1}{R_1 + R_2} V_{BB}$, $v_{B2} = V_B (\sim 1.4\,\mathrm{V})$

② $t = t_1$：負のトリガパルス（振幅 $V_t < V_{CC}$）印加
- 負の微分パルスにより，ダイオードの端子電位 v_D は，瞬時に V_{CC} から $V_{CC} - V_t\,(>0)$ に降下する．

  ↓

- D_1 はオンに遷移するが，D_2 はオフのまま（$v_{c2} \sim 0\,\mathrm{V}$ より D_2 は逆バイアス状態のため）．

  ↓

- スピードアップコンデンサ C_{S1} を介して Tr_2 のベース電位 v_{B2} を降下させる（$-\dfrac{R_1}{R_1 + R_2} V_{BB}$ 以下の電位まで）．

  ↓

- Tr_2 はオフになり，反転動作により Tr_1 はオンに遷移して，$v_{c1} \sim 0\,\mathrm{V}$, $v_{c2} = V_{CC}$ の安定状態になる．v_{c2} は，初めは $(R_1 // R_{C2}) C_{S2}$ の時定数で V_{CC} に向かって上昇するが，すぐに V_{CC} に落ち着く．

③ $t = t_2$：負のトリガパルス印加
- D_2 はオンに遷移するが，D_1 はオフのまま（$v_{c1} \sim 0\,\mathrm{V}$ より D_1 は逆バイアス状態のため）．

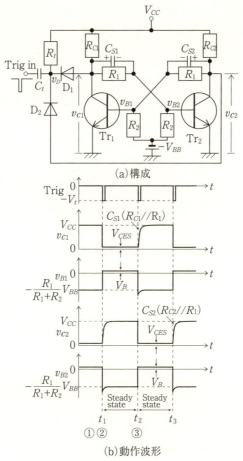

図 9-3 双安定マルチバイブレータ

・前述と同様な反転動作により，Tr_2 がオン，Tr_1 がオフに遷移する．

このようにトリガを入力するごとに，二つの安定状態を遷移し，トリガパルスがない時には安定状態を保持記憶する．二つの安定状態を持つことから2値の記憶素子になるため，主にレジスタや多段接続構成をしたカウンタに用いられている．

9-2 のこぎり波発生回路

オシロスコープやTV等のブラウン管の水平・垂直の掃引には，直線性の良いの

こぎり波（直線掃引波）が使われる．これらの掃引に用いる発生回路としてはミラー積分器とブートストラップ回路が知られている．

（1） ミラー積分器

　直線性の優れたのこぎり波を発生する回路にミラー積分器がある．図9-4にOPアンプを用いたミラー積分器の回路構成を示す．これは，定電流源によりミラーキャパシタ C を充電するようにしたもので，直線性が良いのこぎり波発生回路といえる．動作原理は以下のとおりである．今，OPアンプは理想的なものと仮定する．制御パルス ϕ_R によりオン状態のリセットスイッチSをオフにした後も，OPアンプの入力は仮想接地状態にあるから，負の端子電位は0Vとなる．同図（b）に示すように時刻 $t=t_1$ で振幅 V のステップパルスを入力すると，$i=\dfrac{V}{R}$ の一定の電流が入力端子から流れ，帰還容量 C は出力端子からの電流 $-i$ で充電される．この結果，出力は，

$$v_o(t) = -\frac{1}{C}\int_0^t i(t)\,dt = -\frac{1}{C}\int_0^t \frac{V}{R}\,dt = -\frac{Vt}{CR} \tag{9-13}$$

と記載できる．このように出力は，入力電圧 V の時間積分値に比例した，理想的な直線波形になることが分かる．直線性が優れているのは，図9-5の正確な等価回路（a）と見かけ上の回路（b）に示すように，見かけ上，負帰還コンデンサ容量 C が $(1+A)$ 倍に増幅されて充電がなされているためである．

　上記の理想的な直線特性に対して，OPアンプの利得，入力インピーダンスがど

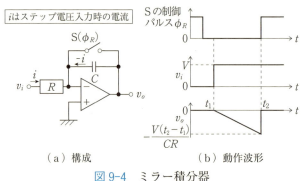

図9-4　ミラー積分器

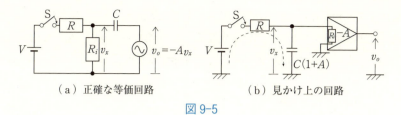

(a) 正確な等価回路　　(b) 見かけ上の回路

図 9-5

の程度誤差に影響を与えるかについて調べよう．今，OPアンプの入力抵抗を R_i，利得を A として出力を表すと，指数関数の級数展開を行いつつ，$\frac{A}{1+A} \sim 1$ であることを考慮して，

$$v_o(t) = -\frac{AR_i}{R+R_i} V \cdot \left[1 - \exp\left(-\frac{t}{(1+A)\,C \cdot R//R_i}\right)\right]$$

$$\fallingdotseq -\frac{Vt}{CR}\left[1 - \frac{t}{2AC\,(R//R_i)}\right] \tag{9-14}$$

となる．したがって，理想特性からの直線性の相対誤差を式で表すと，

$$\varepsilon = \frac{t}{2AC\,(R//R_i)} \tag{9-15}$$

となる．ここで，$t = CR$ の時間幅で見ると，

$$\varepsilon = \frac{1}{2A}\left(1 + \frac{R}{R_i}\right) \tag{9-16}$$

となり，$A = 10^4$，$R = 1\,\mathrm{k\Omega}$，$R_i = 10^6\,\Omega$ とすると，$\varepsilon = 5 \times 10^{-5}$ であり極めて小さい値になる．この積分器は直線性が良く，その範囲は 0～V まで（V はOPアンプの電源電圧以下）と幅広いため，のこぎり波発生回路として理想的である．

（2）ブートストラップ回路

ブートストラップ回路は，利得1のバッファアンプを用い，出力にバイアスをかけながら入力に帰還し，一定の入力電流を供給するようにしたもので，直線性の良いのこぎり波が得られる．図9-6（a）にその構成を示す．コンデンサへの充電電

圧をバッファで出力し，出力から加算する形で，抵抗 R とバイアス電源 V からなる定電流充電回路を介してコンデンサ端子 v_c に帰還するようにしている．$t = t_1$ でスイッチ S をオフにすると，C への充電が開始するため，

$$v_c(t) = \frac{1}{C} \int_0^t i(t) \, dt \tag{9-17}$$

$$v_o(t) + V = R \cdot i + v_c(t) \tag{9-18}$$

が成り立つ．$v_o = A \cdot v_c = v_c$ であるから，

$$i = \frac{V}{R}$$

$$\therefore v_o(t) = \frac{1}{C} \int_0^t \frac{V}{R} \, dt = \frac{Vt}{CR} \tag{9-19}$$

この回路の場合もミラー積分器と同様に出力はバイアス電圧 V を時間積分した値に比例している．ただし，出力波形は正方向へのランプ信号である点がミラー積分器と異なっている．

次に，利得の直線性誤差に対する影響を調べてみよう．バッファの利得を A として，出力を表すと，$A \sim 1$ を考慮して，

$$v_o(t) = \frac{AV}{1-A} \left[1 - \exp\left(-\frac{1-A}{RC} t\right) \right]$$

$$\fallingdotseq \frac{AV}{RC} t \left(1 - \frac{1-A}{2RC} t \right) \tag{9-20}$$

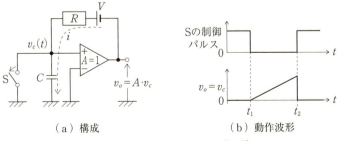

（a）構成　　　　　　（b）動作波形

図 9-6　ブートストラップ回路

と書ける．したがって，理想特性からの直線性の相対誤差を式で表すと，

$$\varepsilon = \frac{1-A}{2RC} t \tag{9-21}$$

となり，A を 1 に近くすれば，ε は 0 に近づくことが分かる．ここで，$t = CR$ の時間幅で見ると，$\varepsilon = \frac{1-A}{2}$ となる．$A = 0.99$ の場合には，0.005 の誤差に収まり，直線性の良いのこぎり波が得られることを示している．出力の最大は V_{CC} 以下になるが，振幅の大きいのこぎり波が得られることが特徴である．

図 9-7 にトランジスタスイッチとエミッタフォロアを用いた回路の実例を示す．Tr_1 と R_e がエミッタフォロアを形成し，Tr_2 は切替スイッチである．C_0 の容量は電源の役割を担うために，充電用コンデンサ C の容量に比べ十分大きな値（少なくとも数 μF 程度）に選定する．動作の様子は以下のとおりである．

① Tr_2 がオン状態の時に，D を介して C_0 は V_{CC} に充電される．この場合 Tr_1 のベース電位 v_c と出力 v_o は 0 V になる．

② Tr_2 がオフになると，電源 V_{CC} からの電流が C を充電するように切り替わるから Tr_1 のエミッタ v_o が正に持ち上がる．v_o と v_c が等しく，大きな容量 C_0 の V_{CC} による充電電荷は保持されているので，D と C_0 の交点はそのまま持ち上がり，D が逆バイアス状態となってオフする．その後，C_0 は一定電圧 V_{CC} の直流電源として作用する．その結果，R には V_{CC} の一定電圧が印加された状態が生まれ，$i = \dfrac{V_{CC}}{R}$ の定電流が R と C に流れて，C が充電される．出力には，

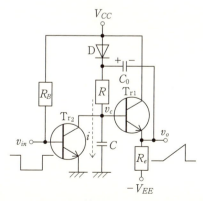

図 9-7　エミッタフォロア使用ブートストラップ回路の実例

$$v_o(t) = \frac{1}{C}\int_0^t i(t)\,dt = \frac{1}{C}\int_0^t \frac{V_{CC}}{R}\,dt = \frac{V_{CC}\,t}{CR} \tag{9-22}$$

の V_{CC} の時間積分値に比例したのこぎり波が得られる．

章末問題9

1．$C_1 = C_2 = 10000$ pF として，無安定マルチバイブレータを $f = 1$ MHz で発振させる時の $R_1 = R_2$ の抵抗値を求めなさい．

2．単安定マルチバイブレータの回路定数が $R = 20$ kΩ，$C = 0.005$ μF，$R_1 = 10$ kΩ，$R_2 = 90$ kΩ，$V_{CC} = 10$ V，$V_{BB} = 6$ V の時，トリガ後のパルス幅を算出しなさい．

3．ミラー積分器の特徴は何か述べなさい．

4．図9-5（a）の等価回路を用いて，出力電圧を表す近似式（9-14）を算出しなさい．

第 **10** 章

A/D・D/A 変換器

　本章では，オーディオやビデオ信号等のアナログ信号をディジタル処理するためのインターフェイスとして不可欠な A/D 変換器と，ディジタル処理されたデータをアナログに戻して人間が扱える量に変換する D/A 変換器について紹介する．特に古くから知られている二重積分形，逐次比較形，フラッシュ形の A/D 変換器や加算形，ラダー形 D/A 変換器のみならず，比較的新しい技術として知られるようになってきた SC 形 D/A 変換器についても言及する．

10-1 ディジタル量とアナログ量

音声に代表されるような情報はアナログ量である．マイクロフォン等のセンサにより音をアナログの電気信号に変え，それを変換誤差を減らすためにサンプルホールドしながら，A/D変換器を介してディジタル量に変換する．そしてCDやiPOD等のディジタル装置に記録させて持ち運ぶようになっている．それを再生するには，D/A変換器でディジタル量をアナログ量に変換する．フィルタリング処理等によりノイズを除去した後，インターフェイスを介して音などのアナログ量を再生するようにしている．図10-1にそのシステム構成を示す．

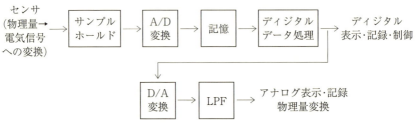

図10-1　アナログ・ディジタル変換システムの構成

10-2 A/D変換

（1）標本化

A/D変換をする手順としては，まず周波数 f_{sig} のアナログ信号を一定の間隔でサンプルを抽出するためのサンプリングを行う（図10-2）．これを標本化という．抽出されたサンプルを元のアナログ信号に再現するには，

$$2f_{sig} < f_c \tag{10-1}$$

の条件を満たすようなサンプリング周波数 f_c で標本化すればよいというサンプリング定理がある．サンプリング点と入力信号の位相関係によっては高周波分が現れなくなるため，実際には $5f_{sig}$ 程度のサンプリング周波数での標本化が必要である．サンプリングされた標本値は少ない変換誤差で変換動作ができるように，その

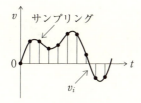
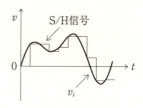

図 10-2　入力信号のサンプリング　　図 10-3　サンプルホールド

周期ごとにホールドされる（図 10-3）．

（2）量子化

サンプルとして抽出されたアナログ量は離散的な振幅値に量子化される（図 10-4）．これは，フルスケールをメッシュに分割したときに各離散値を一番近い分割レベルのメッシュの数値に丸め込みをして対応づけるものである．今，最大定格入力値 E を n ビットのディジタル数 N で $\dfrac{1}{N}$ に分割する際には，$q = \dfrac{E}{2^n}$ が最小分割レベルになる．これを量子数と呼んでおり，変換器の分解能を意味する．ビット数を増やせば，分解能が向上することになり，元信号を再現する精度が増すことにつながる．以下に，入力レベルと量子化レベルの関係を示す．

（アナログ入力レベル）	（量子化レベル）
$0 \sim \dfrac{q}{2}$	0
$\dfrac{q}{2} \sim \dfrac{3q}{2}$	1
$\dfrac{3q}{2} \sim \dfrac{5q}{2}$	2
⋮	⋮

0 から $\dfrac{q}{2}$ までの入力に対しては 0 に量子化され，そのレベルを超えると 1 の量子化レベルに達する．すなわち，ディジタル出力の LSB（最下位ビット）が 1 になる．以後，入力信号のレベルが q ずつ増すごとにディジタル出力が 1 段階ずつ増大する．このように量子化すると図 10-5 に示すように $-\dfrac{\text{LSB}}{2} \sim +\dfrac{\text{LSB}}{2}$ の範囲の量子化誤差が生じる．フルスケールが 1 V の信号を 2 ビットで量子化すると，図 10-5 に示すような階段状の入出力関係となる．量子数 q は $\dfrac{1}{2^2} = 0.25$ V で，量子化誤差は $-\dfrac{0.25}{2} \sim +\dfrac{0.25}{2} = -0.125$ V $\sim +0.125$ V となり，大きな誤差が見られ

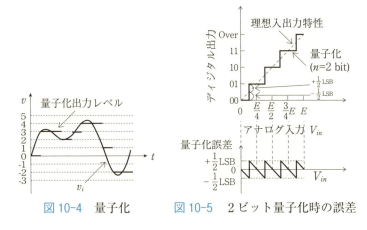

図 10-4　量子化　　　図 10-5　2 ビット量子化時の誤差

る．このようにビット数が少ないと量子化誤差が大きくなり，高いサンプリング周波数においても忠実な再現ができにくくなる．

（3） サンプルホールド

　A/D 変換では，変換中にアナログ信号が変化しないように少なくとも変換時間だけホールドすることが必要である．ディジタル変換中に 1 LSB 相当分よりも大きく変化すると A/D 出力は正確にアナログ入力に対応しなくなり，誤差を生じることになる．このような誤差を防止するために，入力信号をサンプリングして一周期間保持する回路がサンプルホールド（S/H）回路である．基本は図 10-6 に示すようなアナログスイッチと電圧フォロアで構成される．動作波形を図 10-7 に示す．サンプリング時にはスイッチ S をオンにして入力信号を取り込み，オフしてから次にオンするまでホールドする．S をオフしてから実際にホールド状態になるまでの時間をアパーチャタイム t_a と称している．また，S をオンしてからホールド用キャパシタ C の端子電圧が入力電圧に等しくなるまでの時間をアクイジションタイム t_s という．許容しうる変換開口時間 t_a は分解能に依存して決まるが，短いほどこの時間内での変換が難しくなる．しかし，S/H 回路を用いてホールドすることにより高分解能の A/D 変換が可能になる．今，入力信号を $v_i(t)$，アパーチャタイム t_a 内の入力信号変化量を ΔV とすると，

第10章　A/D・D/A変換器

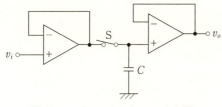
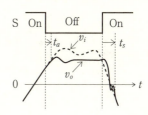

図 10-6　サンプルホールド回路　　図 10-7　サンプルホールド動作波形

$$\Delta V = t_a \cdot \frac{dv_i(t)}{dt} \qquad (10\text{-}2)$$

で表される．この変化量を少なくとも分解能以下に抑えることが必要となる．

10-3　A/D 変換器

　入力アナログ信号のサンプリング・量子化を同時に行い，ディジタル信号に変換する回路が A/D 変換器である．代表的な変換器としては以下に示すように3つあり，量子化方法に違いがある．
① 二重積分形
② 逐次比較形
③ フラッシュ形

(1)　二重積分形

　これは，一定時間に入力信号に比例した電荷を蓄え，その電荷を放電する時間の長さで計測する手法からなる．その A/D 変換器の構成を図 10-8 に，その動作波形を図 10-9 に示す．入力信号を選択するスイッチ S，一定時間積分を行う積分器，積分出力が 0 になる放電電圧を検出する比較器，2つのフリップフロップとゲートよりなる制御部，制御用パルスを供給するクロックパルス発生器，および積分時間を計測するカウンタからなる．入力信号 v_i を時刻 t_1 から一定時間 T_1 だけ積分した後，時刻 $t = t_2$ でスイッチ S を 2 に切り替えて基準電圧（$-V_r$）を積分していき，積分出力が 0 になる時刻 t_3 まで（期間 T_2）積分を行う．この場合(10-3)式が成り立つので，T_1，T_2 に対応するカウンタ出力を N_1，N_2 とすれば，

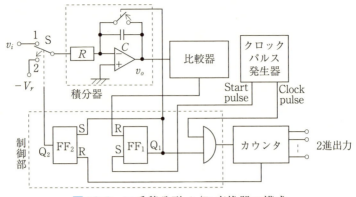

図 10-8　二重積分形 A/D 変換器の構成

$$-\frac{1}{CR}\int_0^{T_1} v_i\,dt + \frac{1}{CR}\int_0^{T_2} V_r\,dt = 0 \tag{10-3}$$

$$-v_i T_1 + V_r T_2 = 0$$

$$\therefore v_i = \frac{T_2}{T_1} V_r = \frac{N_2}{N_1} V_r \tag{10-4}$$

この場合，T_1 (N_1) と V_r は既知なので，T_2 (N_2) を測ることにより入力電圧 v_i をディジタル電圧として計測可能であることが分かる．

　この方式の変換器としては，高精度で 18 ビット以上のものも作られているが，変換時間が入力により変化し，数 ms から数十 ms かかり低速であるという課題が

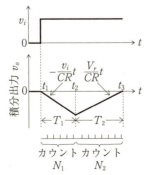

図 10-9　二重積分形 A/D 変換器の動作波形

ある.

（２） 逐次比較形

　逐次比較形の変換器の構成を図 10-10 に，その動作の様子を図 10-11 に示す．この回路は帰還回路に D/A 変換器を用い，その出力電圧が入力電圧と一致するべく，レジスタの内容を上位桁から設定することにより変換を行うものである．まず，D/A 変換器の MSB（最上位ビット）基準電圧出力を $\frac{1}{2}F_S$（フルスケールの半分）にセットし，最上位のビット MSB を "1" に設定する．次に，MSB 基準電圧に設定された D/A 変換器出力 $v_o \left(\frac{1}{2}F_S\right)$ を入力電圧 v_i と比較し，$v_i > v_o$ ならばレジスタの最初のビットを "1" に確定し，$v_i < v_o$ ならば "0" に確定する．次に下位ビットを仮に "1" にして MSB 基準電圧 $\left(\frac{1}{2}F_S\right)$ とその半分になる次の桁の基準電圧 $\left(\frac{1}{4}F_S\right)$ の和 $\left(\frac{3}{4}F_S\right)$ を D/A 変換器出力の基準電圧として設定し，v_i と比較する．$v_i > v_o$（比較器出力＝"1"）ならばレジスタの 2 番目のビットを "1" のままとし，$v_i < v_o$（比較器出力＝"0"）ならば "0" に確定する．以下同様の操作を繰り返し，n 回の操作でレジスタの各ビットを決定する．

　なお，D/A 変換器出力の基準電圧を設定する際，上位ビットが "1" の時には，その上位ビットの基準電圧を初期基準電圧とするように設定していくことに注意が必要である．図 10-11 の 6 ビット出力変換器の例では，4 ビット目も "1" なので

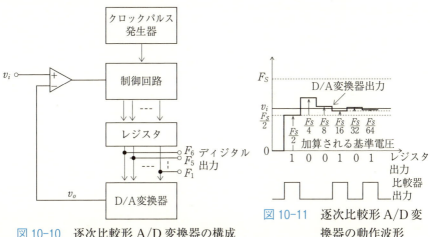

図 10-10　逐次比較形 A/D 変換器の構成

図 10-11　逐次比較形 A/D 変換器の動作波形

5，6ビット目の基準電圧は 4 ビット目の基準電圧 $\left(\frac{9}{16}F_S\right)$ にそれぞれの基準電圧 $\left(\frac{1}{32}F_S,\ \frac{1}{64}F_S\right)$ が加算されたものとなる．

この変換器は，パルス計測法に較べて，変換速度が速い（10 μs～100 μs）．また，変換速度は D/A 変換器と比較器により定まり，積分形よりも劣るが，8～16 ビットの分解能を有し，比較的高精度で高速変換が可能という特徴を備えている．

（3） フラッシュ形

最も高速変換に適した A/D 変換器が図 10-12 に示したフラッシュ形であり，並列比較形とも言われる．これは，基準電圧供給用のブリーダと入力信号との並列比較を行う比較器，エンコード処理するためのエンコーダから構成される．この変換器では，n ビットの変換をするのに $(2^n - 1)$ 個の比較器が必要である．ブリーダでは，$(2^n - 1)$ 個のディジタル信号に対応する電圧に基準電源電圧 E_r を分割する．比較器でこれらを入力信号 v_i と比較し，v_i がブリーダの出力電圧よりも大きければ論理値 "1" を，低ければ論理値 "0" を出力する．これらの結果をエンコーダにより処理して n ビットの 2 進数ディジタル出力を得ることができる．

具体的に，2 ビットの A/D 変換器の構成例とその動作を，図 10-13，図 10-14 にそれぞれ示す．この回路では，入力電圧 v_i をブリーダの出力 $\frac{1}{6}E_r$, $\frac{1}{2}E_r$, $\frac{5}{6}E_r$ と比較をして比較器の出力 X_1, X_2, X_3 の論理値が決定する．それらを NOT，AND，OR の組み合わせ論理回路でエンコードした結果，Z_0, Z_1 として 2 ビットの 2 進数出力が得られる．

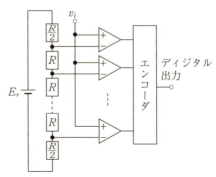

図 10-12　フラッシュ形 A/D 変換器の構成

第10章 A/D・D/A 変換器

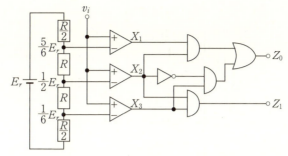

図 10-13　フラッシュ形2ビット A/D 変換器の構成

v_i	X_1	X_2	X_3	Z_0	Z_1
$v_i < \frac{1}{6}E_r$	0	0	0	0	0
$\frac{1}{6}E_r \leqq v_i < \frac{1}{2}E_r$	0	0	1	1	0
$\frac{1}{2}E_r \leqq v_i < \frac{5}{6}E_r$	0	1	1	0	1
$\frac{5}{6}E_r \leqq v_i$	1	1	1	1	1

図 10-14　フラッシュ形2ビット A/D 変換器の動作

　本方式の変換器では分解能4〜10ビット，変換時間10〜100 ns 以下のものが得られており，非常に高速である．なお，ビット数を増やすと比較器の数が累乗で増え，回路が複雑化するという欠点もある．また，高速化する場合には分圧用の抵抗 R を下げるため，消費電力が増大するという問題もある．

　図10-12に示したものはバイポーラ形比較器と抵抗器とで構成しており，モノリシック IC 化は難しい．これに対して，IC 化を考慮した構成も考案されている．図10-15に CMOS 構成の3ビットフラッシュ形 A/D 変換器の構成を示す．これは，ブリーダと比較器を CMOS 構成にして全体をモノリシック IC 化可能にしたものである．ブリーダは，上部の M_1, M_2 を pMOSFET，下部の M_3-M_8 を nMOSFET で構成し，広い動作範囲を確保できるようにし，各出力端子に対して一つ置きに MOSFET のゲートをつないで，各 MOSFET がオフ状態になるのを防いでいる．ブリーダの各出力端子に付加してある容量は安定化を図るためであり，1 pF 程度と小さくてよい．入力部とエンコーダ後部に設けたサンプルホールド（S/H）回路は，高速動作時においても安定化した出力を得るためのものである．このような A/D 変換器につき，SPICE ツールによるシミュレーションの結果，サンプリング

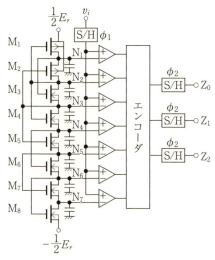

図 10-15　フラッシュ形 3 ビット CMOS A/D 変換器の構成
（参考文献 [28] より引用，Copyright 2015 年電子情報通信学会）

周波数 10 MHz での変換動作も確認されており，消費電力は 14 mW 程度に収まっている．

なお，MOSFET のゲート・ドレーン・ソース分離型接続を用いた本構成と同様な構成により，5 ビット以上のブリーダを構成できるため，CMOS 構成からなる高分解能 A/D 変換器も実現可能である．

10-4　D/A 変換器

音声等を再生するためにディジタル量をアナログ量に変換する操作が D/A 変換である．D/A 変換器はディジタル量の各ディジットの論理値に対応するアナログ量を作り，それらを加算する操作を行うことに基づいて構成される．代表的なものとしては，①加算形，②ラダー形，③スイッチキャパシタ（SC）形が知られている．

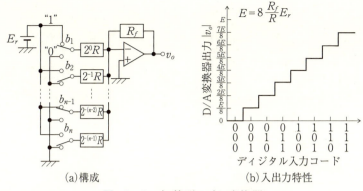

図 10-16　加算形 D/A 変換器

（1）加算形

図 10-16 に加算形 D/A 変換器の構成を示す．この回路では，2 進数の各ビットの重みに対応した利得を定め，それらを加算することでアナログ出力に変換している．各ビットに対応する入力回路は，

対応ビット＝"1"の時……E_r

対応ビット＝"0"の時……0

にセットされる．したがって，OP アンプによる反転増幅がなされるため，出力電圧 v_o は，

$$v_o = -\left(\frac{R_f}{R}b_1 + \frac{R_f}{2^{-1}R}b_2 + \cdots + \frac{R_f}{2^{-(n-1)}R}b_n\right)E_r$$

$$= -\frac{R_f}{R}\cdot(2^0 b_1 + 2^1 b_2 + \cdots + 2^{(n-1)}b_n)E_r \tag{10-5}$$

で与えられる．ただし，$b_n = 0$ あるいは 1．3 ビット入力コードの場合の入出力特性を同図（b）に示す．

この変換器は，回路構成が簡単であるという特徴がある．しかし，ビット数が増えると，重み抵抗値の範囲が広くなり，精度が悪くなるという課題もある．

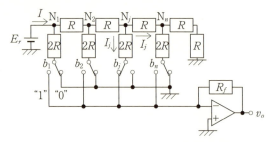
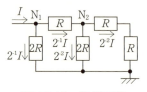

図 10-17 ラダー形 D/A 変換器の構成　　図 10-18 等価回路

（2） ラダー形

図 10-17 に示すように抵抗 R, $2R$ をはしご状に並べて構成したものをラダー形 D/A 変換器という．これは図 10-18 に示すように各接点からの接地に対する抵抗が $2R//(2R) = R$ となることを利用したものである．端子 N_n から右側を見た抵抗値は $2R$, 下側を見た抵抗値は同じく $2R$ になっており，等価的に N_n から接地に対して R の抵抗が負荷していることとなる．したがって，N_2, N_1 からも接地に対して R の抵抗が負荷しているので，接点 N_1 への流入電流を I とすれば，各端子からの二つの枝には $2^{-2}I$, $2^{-1}I$ の電流が流れ出る．このように各接点から流れ出る電流は流入電流の半分になるから，一般に，接点 N_j から二つの枝に流出する電流 I_j は，

$$I_j = \frac{I}{2^j} \tag{10-6}$$

と書ける．ここに，$I = \dfrac{E_r}{R}$ である．今，コード信号 $b_j = 1$, 他のコード信号が 0 の時，OP アンプの出力電圧は，

$$v_o = -R_f \cdot I_j = -\frac{R_f}{2^j R} E_r \tag{10-7}$$

で与えられる．重ね合わせの理により，n ビットのディジタル入力に対する出力電圧は，

$$v_o = -(2^{-1}b_1 + 2^{-2}b_2 + \cdots + 2^{-n}b_n)\frac{R_f}{R}E_r \tag{10-8}$$

となる．このD/A変換器は抵抗値のみの組み合わせで構成できる特徴があるが，精度は抵抗比の正確さとアナログスイッチのオン抵抗に依存する．広く応用されているものの，高ビット品では高い精度を出すために薄膜抵抗をトリミングしたり，他の方法で補正を行っている．

（3） スイッチトキャパシタ形

　前述した2種類のD/A変換器は抵抗で構成されているため，モノリシックIC化が難しい．近年，IC化に適した，ディジタル処理回路との接続性が良いスイッチトキャパシタ（SC）回路構成のものが考案されてきた．2つのサンプリングパルス ϕ_1，ϕ_2 で交互に周期的にサンプリングしながらキャパシタに蓄積した電荷をシフトするモードで動作するSC回路を用いて，アンプを構成することができるため，並列構成したそのSC回路の出力を加算することにより，D/A変換器を構築できる．図10-19にSC回路を応用したD/A変換器の構成を示す．ディジタル入力の各ビットに対応して2進重み付けした容量を V_{ref} の入力端に接続する．すなわちLSBからMSBに向けて順次 C，$2C$，……$2^{n-1}C$ を付加する．各ビットのコード $b_i = 1$ の時，b_i に対応するスイッチはonし，$b_i = 0$ の時 b_i に対応するスイッチはoff状態になる．ϕ_1 のタイミングで各コード b_i に応じて2進重み付けされた容量に電荷が蓄積され，ϕ_2 のタイミングで帰還容量 2^nC に転送されて出力される．その出力電圧 v_o は，

$$v_o = \frac{b_1 C}{2^n C} V_{ref} + \frac{b_2 2C}{2^n C} V_{ref} + \cdots + \frac{b_n 2^{n-1} C}{2^n C} V_{ref}$$

$$= (b_1 2^{-n} + b_2 2^{-n+1} + \cdots + b_n 2^{-1}) V_{ref}$$

$$= V_{ref} \sum_{i=1}^{n} b_i 2^{i-n-1} \qquad (10\text{-}9)$$

となり，n ビット2進数の重み付けされた加算値の基準電圧 V_{ref} 倍されたアナログ電圧を生成する．この変換器はビット数が増えると単位容量が大幅に増え，大容量の信号処理ICを実現するには支障になる．そこで，トータル容量を大幅に削減可能な構成として，Subrangingと呼ばれる2つの基準電圧を備えた上位ビットと下位ビットの容量群に分ける手法がある．OPアンプを1個のみで構成可能な回路

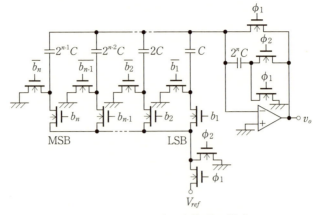

図 10-19　SC-D/A 変換器の構成

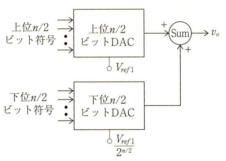

図 10-20　2 入力加算方式 D/A 変換器の原理的な構成

として，上記容量群を，2 つの異なる基準電圧 V_{ref1} と $V_{ref2}\left(=\dfrac{V_{ref1}}{2^{n/2}}\right)$ に対応した上位ビットと下位ビットごとの容量群 (C, $2C$, $2^{\frac{n}{2}-1}C$) に分割し，各ビットからの電荷をスイッチトキャパシタ転送方式で OP アンプの帰還容量に転送し，加算する 2 入力加算方式（図 10-20）も考案されている（参考文献 [27] 参照）．この方式による構成では，8 ビットでトータル容量を比較すると，図 10-19 の通常の D/A 変換器に比べて（1/10）以下に低減できる．

章末問題 10

1. 入力信号 $v_i(t) = V_m \cdot \sin(2\pi f t)$ を n ビットの分解能で A/D 変換する場合，許容しうる変換開口時間 t_a を導出しなさい．ただし，フルスケールは $2\,V_m$ であることに注意しなさい．

2. 入力信号 $v_i(t)$ の信号周波数を $1\,\mathrm{kHz}$，分解能を 4 ビットにした場合の許容変換開口時間 t_a を求めなさい．また，10 ビットでは，許容しうる t_a はどのようになるか算出しなさい．

3. 図 10-16 に示した加算形 D/A 変換器で，$E_r = 2.0\,\mathrm{V}$，$R_f = 5\,\mathrm{k\Omega}$，$R = 100\,\mathrm{k\Omega}$ の時，次のディジタルコード入力に対するアナログ出力電圧 v_o を求めなさい．

    ディジタルコード：0001，1000，1011，1101，1111

4. 3 ビットのフラッシュ形 A/D 変換器につき，抵抗ブリーダ回路の各端子電圧を示し，かつ入力電圧範囲に対する出力コードを求めなさい．ただし，ブリーダの基準電源側と接地側の抵抗としては $R/2$ を用い，他には R を用いるものとする．

第 11 章
SPICE による設計技法

　前章までに紹介してきた電子回路の解析手法はあくまで理論に基づくもので，動的に変化するパラメータの影響等については十分に考慮されているわけではない．したがって，実際の回路動作と異なる場合が生じやすい．それに対して，回路動作を忠実にシミュレーションできるツール，SPICE が 1970 年代にカリフォルニア大学バークレイ校（UCB）で開発され，今日，回路設計の有用な手法として使用されている．技術者はツールに使用されているモデルの中身が分かっていれば適切に使用することができる．本章ではそのツールのモデルの詳細とシミュレーションの仕方，アンプやフィルタのシミュレーション例を紹介する．

11-1 SPICE モデル

　UCB で初期に開発された回路シミュレータは SPICE と呼ばれており，IC 回路技術に重点を置いたシミュレーションプログラムである．この改良版として SPICE2 が開発され，業界標準のシミュレーションツールとなった．これから派生した先進シミュレータが MicroSim 社の PSpice である．これには，SPICE2 と同じアルゴリズムが用いられている．また，SPICE の機能をほとんどそのまま実現した高機能・低価格のアナログ回路シミュレータが Beige Bag Software 社から開発された B^2Spice であり，最新版の SPICE 3F5 のモデル，オプション，コマンドもサポートしている．また，XSpice の技術を導入し，アナログ部品のみならずディジタル部品も取り扱えるように改良されている．出力結果を静的に見ることができ，設計や研究にあたっては大変使いやすい．本章ではこの B^2Spice で扱えるモデルについて述べる．

　Spice（および B^2Spice）では基本的に電子回路（R, C, L, FET, 電源等）の素子パラメータを与えることにより，回路の DC あるいは AC 解析を行うことが可能である．以下に，B^2Spice で可能な解析内容を示す．右側は解析設定（Analysis Set Up）ダイアログでの選択ボタン名である．

① 直流解析：Single or Dual Parameter DC Sweep
② 過渡解析＋フーリエ解析：Transient and Fourier analysis
③ 過渡パラメータスイープ解析：Parameter sweep of Transient
④ 交流解析：AC Frequency Sweep
⑤ 交流パラメータスイープ解析：Parameter Sweep of AC
⑥ 小信号伝達関数解析：TF（small-sig. transfer func.）
⑦ 誤差感度解析：DC sensitivity
⑧ 歪み解析：Distortion analysis
⑨ ポール／ゼロ解析：PZ（pole-zero analysis）
⑩ ノイズ解析：Noise（noise analysis）
⑪ モンテカルロ解析（OP，DC，過渡，AC）：Monte Carlo of Operating Point, DC Sweep, Transient, AC Sweep

　通常の R, C, L や標準的な FET，OP アンプ等の回路部品についてはモデル設

定を行わないまでもある程度の解析は可能である．しかし，標準的でない新しい部品や登録部品の修正を要する場合には，Database Editor を用いて回路部品のモデル設定が必要となる．モデルの設定要素には，デバイスシンボル，シミュレーションモデル，プロセスモデルがある．特に FET モデルは簡単ではなく，解析精度を高めるためには，ある程度専門的に動作原理を把握しながらのモデル設定が必要となる．登録部品（Devices, More Devices メニューに登録する）の詳細を以下に示す．

- 電源（電流源，電圧源，サイン波，指数関数波形，パルス波形，周波数変調波形，Piece-wise Linear）
- 電流計，電圧計，マーカー
- 抵抗，コンデンサ，インダクタ，結合インダクタ，トランス
- ダイオード，BJT，JFET，MOSFET，MESFET
- OP アンプ，スイッチ等

ここでは IC の設計上不可欠になってきている，登録する部品の MOSFET のモデルについて少し言及する．このモデルには，下記に示すような LEVEL 1～8，重なっているが UCB で開発された BSIM／BSIM2／BSIM3 の新しいデバイスモデルがある．

- LEVEL1　Shichman-Hodges（Square-law I-V characteristic）
- LEVEL2　MOS2（Analytical）
- LEVEL3　MOS3（Semi-empirical）
- LEVEL4　BSIM
- LEVEL5　BSIM2
- LEVEL6　MOS6
- LEVEL8　BSIM3v3.2

SPICE2 とその互換ソフトでは，チャネルの狭さに対応したモデルとしてレベル 1～3 が使用されており，半導体メーカから提供されるモデルのほとんどがこのモデルである．MOSFET のチャネル長としては 1μm 以上の素子に対応している．本ソフトではレベル 1～6 のモデルが使用されうるが，特に，レベル 1～3 で使用されている MOSFET モデルをやや詳細に紹介する．

(1) Shichman and Hodges モデル

LEVEL 1 の Shichman and Hodges による提案 MOSFET モデルでは，以下のような式が用いられている．

リニア領域（$V_{DS} \leq V_{GS} - V_T$）：

$$I_D = \frac{W}{L_{eff}} KP \left(V_{GS} - V_T - \frac{V_{DS}}{2} \right) V_{DS}(1 + \lambda V_{DS}) \tag{11-1}$$

飽和領域（$V_{DS} > V_{GS} - V_T$）：

$$I_D = \frac{1}{2} \frac{W}{L_{eff}} KP (V_{GS} - V_T)^2 (1 + \lambda V_{DS}) \tag{11-2}$$

ここに，$L_{eff} = L - 2X_{jl}$（X_{jl}：横方向拡散長），$KP = C_o \mu$，$C_o = \frac{\varepsilon_{OX}}{t_{OX}}$，$\lambda$ はドレーン電圧依存性の実験的な補正係数を表す．また，しきい値電圧は，

$$V_T = V_{FB} + 2\varphi_F + \gamma \sqrt{2\varphi_F - V_{BS}} \tag{11-3}$$

である．ここに，$\phi_F = \frac{kT}{q} \ln\left(\frac{N_A}{n_i}\right)$ はフェルミ電位，$\gamma = \frac{\sqrt{2\varepsilon_s q N_A}}{C_o}$ は基板効果係数を意味する．また，K_0 を SiO$_2$ の比誘電率とすると，$\varepsilon_{ox} = K_0 \varepsilon_0$，$\varepsilon_s = K_s \varepsilon_0$ で表される．

(2) Meyer モデル

次に，LEVEL 2 の Meyer による提案 MOSFET モデルを示す．
リニア領域：

$$I_D = \frac{1}{1 - \lambda V_{DS}} \frac{W}{L_{eff}} KP \Bigg[\left(V_{GS} - V_{FB} - 2\varphi_F - \frac{V_{DS}}{2} \right) V_{DS}$$

$$- \frac{2}{3} \gamma \{ (V_{DS} - V_{BS} + 2\varphi_F)^{1.5} - (-V_{BS} + 2\varphi_F)^{1.5} \} \Bigg] \tag{11-4}$$

飽和領域：

$$I_D = I_{D,\text{sat}} \cdot \frac{1}{1 - \lambda V_{DS}} \tag{11-5}$$

$$I_{D,\text{sat}} = I_D \Big|_{V_{DS} = V_{D,\text{sat}}}$$

$$V_{D,\text{sat}} = V_{GS} - V_{FB} - 2\varphi_F + \gamma^2 \left\{ 1 - \sqrt{1 + \frac{2}{\gamma^2}(V_{GS} - V_{FB})} \right\} \tag{11-6}$$

また，λ が指定されない場合，チャネル長 $L_{eff}(1 - \lambda V_{DS})$ と補正係数 λ には基板濃度とドレーン電圧依存性を考慮した次の式を用いる．

$$L' = L_{eff} - X_D \left\{ \frac{V_{DS} - V_{D,\text{sat}}}{4} + \sqrt{1 + \left(\frac{V_{DS} - V_{D,\text{sat}}}{4} \right)^2} \right\} \tag{11-7}$$

ここに，$X_D = \sqrt{\dfrac{2\varepsilon_s}{qN_A}}$ \hfill (11-8)

$$\lambda = \frac{L_{eff} - L'}{L_{eff} V_{DS}} \tag{11-9}$$

このように，N_A によるチャネル長変調効果の補正項を入れている．

（3） Dang モデル

さらに，LEVEL3 の Dang による提案モデルを示す．
リニア領域：

$$I_D = \beta \left(V_{GS} - V_T - \frac{1 + F_B}{2} V_{DS} \right) V_{DS} \tag{11-10}$$

これは，(11-4)式のテーラー展開により簡単化を図ったものである．ここに，$\beta = KP \dfrac{W}{L_{eff}}$，$F_B = \gamma \dfrac{F_s}{2\sqrt{2\varphi_F - V_{BS}}} + F_n$．$F_B$ は3次元形状効果，F_s は短チャネル効果，F_n は狭チャネル効果を意味し，次のようにしきい値電圧に反映させている．

$$V_T = V_{FB} + 2\varphi_F - \sigma V_{DS} + \gamma F_s \sqrt{2\varphi_F - V_{BS}} + F_n(2\varphi_F - V_{BS}) \tag{11-11}$$

前式で，σ は V_{DS} 依存性を示す実験的な値である．F_s は以下の式で定義されている．

$$F_s = 1 - \frac{X_j}{L_{eff}} \left(\frac{X_{jl} + W_c}{X_j} \sqrt{1 - \frac{W_p}{X_j + W_p}} - \frac{X_{jl}}{X_j} \right) \tag{11-12}$$

ここに，X_j は接合の深さ，X_{jl} は S/D 領域とゲート間の重なり，W_p は空乏層の厚み，W_c は空乏化したシリンドリカル領域の厚みを表す（図 11-1）．

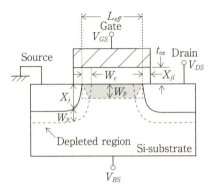

図 11-1　バイアスと空乏層の定義

また，F_n は以下の式で定義されている．

$$F_n = \frac{\varepsilon_s \delta \pi}{4 C_o W} \tag{11-13}$$

チャネル幅 W があまり小さくなければ，通常 $\delta = 0$ なので，$F_n = 0$ となる．実効移動度としては，μ の代わりに，

$$\mu_{eff} = \frac{\mu_s}{1 + \mu_s V_{DS} \frac{1}{v_{max} L_{eff}}} \tag{11-14}$$

が用いられ，チャネル長に依存した平均電界の効果と表面移動度 $\mu_s = \frac{\mu}{1 + \theta (V_{GS} - V_T)}$ でゲートバイアス依存性が考慮される．v_{max} はキャリヤの最大ドリフト速度を表す．

飽和領域：

$$V_{D,\mathrm{sat}} = V_a + V_b - \sqrt{(V_a^2 + V_b^2)} \tag{11-15}$$

ただし，$V_a = \dfrac{V_{GS} - V_T}{1 + F_B}$, $V_b = \dfrac{v_{max} L_{eff}}{\mu_s}$
飽和領域におけるチャネル長には次のような変調が考慮される．

$$L' = L_{eff} - \left\{ \sqrt{\left(\dfrac{E_p X_D^2}{2}\right)^2 + K X_D^2 (V_{DS} - V_{D,\text{sat}})} - \dfrac{E_p X_D^2}{2} \right\} \quad (11\text{-}16)$$

ここに，$E_p = \dfrac{I_{D,\text{sat}} \cdot K}{G_{D,\text{sat}} \cdot L_{eff}}$, $X_D = \sqrt{\dfrac{2\varepsilon_s}{qN_A}}$, K は実験的な定数（典型値＝1），$G_{D,\text{sat}}$ は $V_{D,\text{sat}}$ におけるコンダクタンスを表す．

　高密度のFET素子に対してのモデルとしてレベル4～8もあるが，レベル4～6はあまり使用されていない．レベル8のモデルは，研究開発に使用されている最も新しいモデルである．

　実際に引用するメーカの提供モデルは適切に解析可能なようにサブサーキットとして設計されているため，レベルの選択は不要である．

11-2 SPICEシミュレーション技法

　B²Spiceは抵抗，コンデンサ，FET等の回路素子と信号源や電圧源等の電源を貼り付けて，回路図エディタで回路を作成する機能と，作成回路の静特性・動特性のシミュレーションを実行し，その結果を表示させるシミュレータ機能を備えている．シミュレーションメニューで Run Simulations を選択することにより，解析を実行し，解析した過渡解析やDC解析の結果を時間軸に対して，あるいは周波数軸に対してグラフ表示させることができる．

　実際の回路に対する解析精度は，FET等のアクティブ素子のモデルパラメータの設定をいかに正確に設定できるかで決まると考えてよい．このモデルパラメータの設定では，ICの製造プロセスを念頭に置いた設計が必要であるし，欠かせない．

（1） MOSアンプの回路設計とシミュレーション

　実際の回路としてMOSアンプを設計し，シミュレーションを実施した例を以下述べる．特に，過渡解析を行ううえで重要なMOSFETパラメータについては詳細に設定例を紹介する．図11-2（a）に設計回路の詳細を，表11-1に設計したMOSFETのパラメータ設定値（モデルはLEVEL 2 を使用）を示す．その他は，

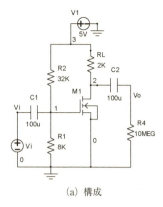

(a) 構成

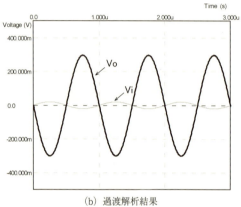

(b) 過渡解析結果

図 11-2　MOS アンプ回路

表 11-1　主な MOSFET パラメータ値

Model name	mos_2_n
l：Channel length	5 um
w：Channel width	2253 um
temp：Operating temperature	25 deg
vto：Threshold voltage	0.6 V
is：Bulk junction saturation current	1.0 E-15 A
tox：Oxide thickness	500 E-10 m
uo：Surface mobility	600 cm^2/(v·s)
nsub：Substrate doping	1.0E+15 cm^{-3}
xj：Junction depth	1.0E-06 m

$R_L = 2\,\text{k}\Omega$, $V_{GS} = 1.0\,\text{V}$ として設計した.なお,コンデンサ C_2 を介した出力端 v_o から GND に対し,10 MΩ の抵抗を設けているのは,交流信号に重畳されているバイアスを 0 V にするためである.

理論上の電圧利得 A_V は,MOSFET の V_{DS}-I_D 特性から動作点近傍の $V_{DS} = V_{D,\text{sat}}$ における実効チャネル長 L' ($= 3.9\,\mu\text{m}$) および動作点近傍におけるドレーン抵抗 r_d ($= 7.6\,\text{k}\Omega$) を用いると,

$$A_V = -g_m \cdot (r_d // R_L) = -\frac{W}{L'} C_o \mu (V_{GS} - V_T)(r_d // R_L) = -14.8$$

となる.

シミュレーションによる過渡解析の結果は図 11-2 の (b) に示すとおり,1 MHz,$V_i = 0.04\,V_{p-p}$ の入力信号に対して 14.9 倍の利得となっており,理論値にほぼ一致していることが分かる.

11-3 OP アンプの応用シミュレーション例

次に,応用範囲の広い OP アンプを用いたアクティブアンプやアクティブフィルタのシミュレーション例を以下に紹介する.

(1) アクティブアンプ

図 11-3 に非反転アンプの解析回路を,図 11-4 (a),(b) にその利得・位相周波数特性と入力信号周波数 50 kHz の時の過渡解析結果を示す.シミュレーションに用いた OP アンプは TL084 である.設計した回路の利得は,

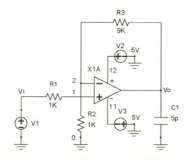

図 11-3 非反転アンプの解析回路

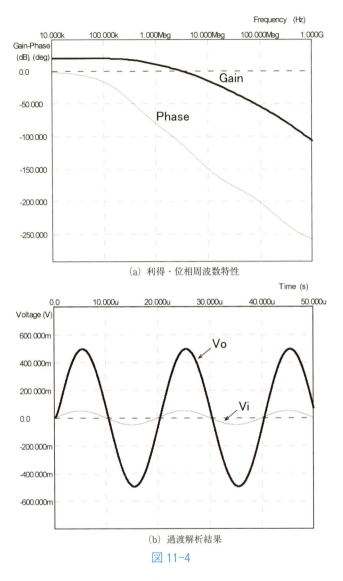

(a) 利得・位相周波数特性

(b) 過渡解析結果

図 11-4

$$A_V = \left(1 + \frac{R_3}{R_2}\right) = 10$$

である．$0.1\,V_{p-p}$ の入力信号に対して理論に近いほぼ 10 倍（= 20 dB）の出力信号が得られていることが分かる．$f = 500\,\mathrm{kHz}$ 付近から高域で利得が劣化しているのは，OP アンプの周波数特性によるものである．

（2） 2次低域アクティブフィルタ

OPアンプを用いるとLPF，HPF，BPF等種々のアクティブフィルタを構成できるが，ここでは比較的次数の少ない基本的な回路として，2次のアクティブLPFを取り上げ，その設計法とシミュレーションとの対応を紹介する．図11-5に示すように，2次アクティブLPFは，R_1とC_1，R_2とC_2からなる積分器を従属接続し，その積分出力をバッファを介して出力する構成である．容量C_1を出力端からOPアンプの＋端子側に帰還しているので正帰還型である．$I_1 + I_2 = I$およびR_2とC_2に流れる電流は等しいことから，

$$\left(\frac{V_i - V_x}{R_1} + \frac{V_o - V_x}{\frac{1}{sC_1}}\right)\left(R_2 + \frac{1}{sC_2}\right) = V_x \tag{11-17}$$

$$\frac{V_x - V_o}{R_2} = \frac{V_o}{\frac{1}{sC_2}} \tag{11-18}$$

が成り立つ．これより，入出力間の利得は，

$$A_V = \frac{V_o}{V_i} = \frac{\frac{1}{R_1 R_2 C_1 C_2}}{s^2 + s\frac{1}{C_1}\left(\frac{1}{R_1} + \frac{1}{R_2}\right) + \frac{1}{R_1 R_2 C_1 C_2}} \tag{11-19}$$

となる．ここで，カットオフ角周波数 $\omega_0 = \frac{1}{\sqrt{R_1 R_2 C_1 C_2}}$，減衰の鋭さを表す共振定数（先鋭度）$Q = \frac{\sqrt{R_1 R_2}}{R_1 + R_2}\sqrt{\frac{C_1}{C_2}}$ とすると，

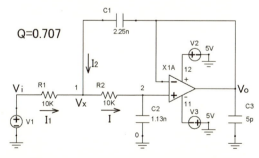

図11-5　2次アクティブLPFの構成

$$A_V = \frac{\omega_0^2}{s^2 + \frac{\omega_0}{Q}s + \omega_0^2} \tag{11-20}$$

が得られる．

次に，この構成でカットオフ周波数 $f_0 = 10\,\mathrm{kHz}$ のバターワース特性（広い通過域平坦特性）を示す 2 次 LPF の設計を試みる．$R_1 = R_2 = R$ とすると，$\omega_0 = \dfrac{1}{R\sqrt{C_1 C_2}}$，$Q = \dfrac{1}{2}\sqrt{\dfrac{C_1}{C_2}}$，$\dfrac{\omega_0}{Q} = \dfrac{1}{C_1}\left(\dfrac{1}{R_1} + \dfrac{1}{R_2}\right) = \dfrac{2}{C_1 R}$ より，

$$C_1 = \frac{2Q}{\omega_0 R}, \quad C_2 = \frac{1}{2Q\omega_0 R} \tag{11-21}$$

となるため，R, ω_0, Q を指定すれば，2 つの容量を決定できる．
ここで，$C = \sqrt{C_1 C_2}$ とすると，$\omega_0 = 2\pi f_0 = \dfrac{1}{CR}$ であることから，

$$C_1 = 2QC, \quad C_2 = \frac{C}{2Q} \tag{11-22}$$

とも書ける．

したがって，$f_0 = 10\,\mathrm{kHz}$ の特性を実現すべく，$Q = 0.707$ の時には，$R_1 = R_2 = R = 10\,\mathrm{k\Omega}$ に設定すれば，

$$C_1 = 2.25\,\mathrm{nF}, \quad C_2 = 1.13\,\mathrm{nF}$$

と設計される．$Q = 2$ の場合の設計値（$C_1 = 6.37\,\mathrm{nF}$, $C_2 = 0.398\,\mathrm{nF}$）と比較してシミュレーションした時の利得周波数特性を図 11-6 に示す．OP アンプとしては，アクティブアンプに使用したものと同じ TL084 を用いた．いずれも減衰域では $-34.5\,\mathrm{dB}$ 以上減衰し，通過域ではフラットなバターワース特性が得られるが，Q の値が大きくなるとカットオフ周波数付近でピーク特性が現れる．このように，設計値を与えると装置を試作したり，複雑な利得周波数特性の計算をしなくとも視覚的に特性を把握できる．また，設計値を与えても所望の特性と異なる場合が多いけれども，所望の特性が得られるようにパラメータを変更しながら容易に所望の特性に近づけられるので，シミュレーションツールは設計ツールとして極めて有益であることが分かる．

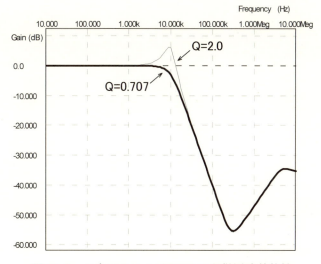

図 11-6　2 次アクティブ LPF の利得周波数特性

（3）　SC アンプへの応用

第 6 章に紹介したスイッチトキャパシタ回路は IC 化に適した構成であることを述べたが，完全 IC の一例として図 6-2 の SC アンプの実際回路につきシミュレーション例を紹介する．図 11-7 に利得 2 の SC アンプの回路構成を示す．シミュレーションに用いたパラメータは表 11-2 に示すとおりである．$R_1 \sim R_4$ の高抵抗は動作時フローティングになる回路につきシミュレーション時の収束が図られるように設けてあり，実際の IC 内には設けるものではない．また，各端子容量としては 0.1 pF 程度，出力端子の負荷には 1.0 pF が見積もられている．電源電圧としては ± 2.5 V，ダイナミック動作時の入力信号には $0.6\ V_{p-p}$ の正弦波を使用している．CMOS スイッチの FETs に基板バイアス（± 2.5 V）をかけているのは，動作範囲を広く保持するためである．用いた FC-OP アンプの主な特性としては，開放利得 = 51 dB，ユニティゲイン周波数 f_u = 709 MHz，スルーレート = 140 V/μs（10 pF 負荷）である．連続動作時の消費電力は 24 mW である．

図 11-8 の解析結果に示すとおり，CMOS スイッチと FC-OP アンプで構成した SC アンプは，周波数 10 MHz のパルス ϕ_1, ϕ_2 でサンプリングした時，高速での動作に追従しており，1 MHz，$0.6\ V_{p-p}$ の入力に対して理論どおりの利得（$\dfrac{C_1}{C_2}$ =

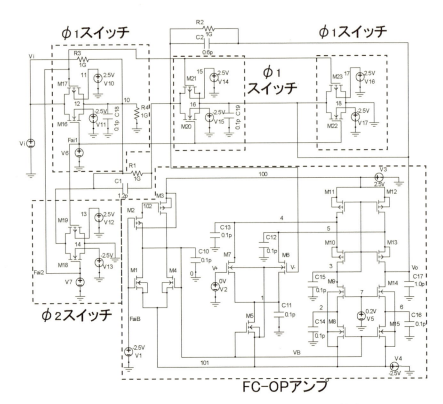

図 11-7　SC アンプのシミュレーション回路の構成

2) に増幅された出力信号が得られているのが分かる（参考文献 [16] 参照）．この出力信号の精度は，理論値に対して 1 ％程度の誤差に留まっている．また，50％のデューティ比で FC-OP アンプのスイッチング動作を行う時，消費電力も 23 mW 程度の少電力で済んでおり，本構成が LSI 化に有利であることを示している．

第11章 SPICEによる設計技法

表11-2 シミュレーションに用いたパラメータ設定値

主なパラメータ	設定値
nMOSFETsのしきい値電圧 vto	0.6 V
pMOSFETsのしきい値電圧 vto	-0.6 V
nMOSFETsの表面移動度 uo	600 cm^2/(v·s)
pMOSFETsの表面移動度 uo	300 cm^2/(v·s)
nMOSFETsスイッチの基板バイアス電圧	-2.5 V
pMOSFETsスイッチの基板バイアス電圧	2.5 V
増幅用キャパシタ C_1	1.2 pF
増幅用キャパシタ C_2	0.6 pF

FC-OPアンプと ϕ_1-ϕ_2 スイッチ内FETsのチャネル寸法

FETs	w/l (um/um)	FETs	w/l (um/um)
M_1	7.5/2.5	M_8, M_{15}	62/2.5
M_2	15/2.5	M_9, M_{14}	720/2.5
M_3	10/4	M_{10}, M_{13}	1000/2.5
M_4	53/6	M_{11}, M_{12}	90/2.5
M_5	105/2.5	M_{16}, M_{18}, M_{20}, M_{22}	25/2.5
M_6, M_7	1875/2.5	M_{17}, M_{19}, M_{21}, M_{23}	25/2.5

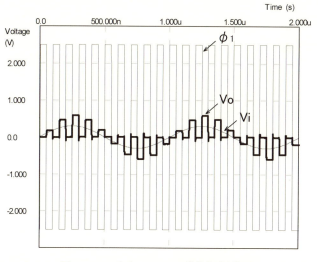

図11-8 ダイナミック動作解析結果

167

章末問題11

1. 2次アクティブ HPF を構成する場合,図 11-5 の C と R を入れ替えて図 11-9 のように構成すればよい.この回路の伝達関数を表す式を求めなさい.また,$\omega_0 = \dfrac{1}{\sqrt{C_1 C_2 R_1 R_2}}$, $\dfrac{\omega_0}{Q} = \dfrac{1}{R_2}\left(\dfrac{1}{C_1} + \dfrac{1}{C_2}\right)$ とおいた場合の伝達関数も求めなさい.さらに,$C_1 = C_2 = C$ の場合の R_1, R_2 の設計式を求めなさい.
2. OP アンプを用いてアクティブ LPF を構成する場合,高域の周波数特性を制限する要因は何かについて述べなさい.
3. アクティブ LPF を構成する場合に,高域の減衰特性を急峻にするにはどのような手法が考えられるか述べなさい.
4. SPICE を用いて回路解析を行う際に注意すべき点を述べなさい.

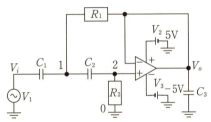

図 11-9　アクティブ HPF の構成

章末問題解答

〈第1章〉

1．（1）$I = 1.375 \times 10^{-2}$ A （2）$I = 2.257 \times 10^{-3}$ A, 0.164 倍

2．1-1（5）を参照

3．$V_{GS} = 3$ V の時 $V_P = 2.2$ V, $I_D = 0.111$ mA
　　$V_{GS} = 5$ V の時 $V_P = 4.2$ V, $I_D = 0.406$ mA

4．$\beta = \alpha/(1-\alpha) = 99$, $I_C = \beta \cdot I_B = 4.95 \times 10^{-3}$ A, $I_E = I_B + I_C = 5.0 \times 10^{-3}$ A, $V_{CE} = V_{CC} - R_C \cdot I_C = 5.05$ V

〈第2章〉

1．入力側負荷線 $I_B = -2.78 \times 10^{-6} V_{BE} + 2.5 \times 10^{-5}$ より，動作点 Q (0.7 V, 23 μA)，直流負荷線 $I_C = -10^{-3} V_{CE} + 9 \times 10^{-3}$ より，動作点 P (4.5 V, 4.5 mA)

2．（1）入力側負荷線 $I_B = -1.11 \times 10^{-6} V_{BE} + 1.33 \times 10^{-5}$ の動作点は，$V_{BEQ} = 0.7$ V より，$I_{BQ} = 12.5$ μA となる．直流負荷線 $I_C = -5 \times 10^{-4} V_{CE} + 6 \times 10^{-3}$ は $I_{CQ} = 3$ mA より，$V_{CEQ} = 6$ V を通る．交流負荷線は $\Delta I_C = -\Delta V_{CE} \times 10^{-3}$．章末解図1を参照

（2）i_b, i_c, v_o の変化は章末解図1を参照

（3）① h_{ie}　② $h_{fe} \cdot i_b$

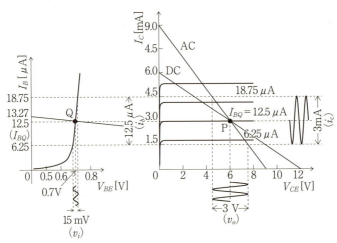

章末解図1　負荷線と交流入力信号に対する変化

（4） $A_V = \dfrac{v_o}{v_i} = -\dfrac{(R_C // R_L) i_c}{h_{ie} i_b} = -h_{fe} \cdot \dfrac{R_C // R_L}{h_{ie}} = -200$

3． $h_{ie} = 5 \times 10^3\,\Omega,\ h_{re} = 0.011,\ h_{fe} = 180,\ h_{oe} = 4 \times 10^{-4}\,\text{S}$

4． $g_m = \dfrac{\Delta I_D}{\Delta V_{GS}} = \dfrac{0.42 \times 10^{-3}}{1.0} = 0.42\ \text{mS}$

5． $V_{GS} = -2\,\text{V}$ の時 $I_{D1} = 1.6 \times 10^{-3}\,\text{A}$, $V_{GS} = -1.6\,\text{V}$ の時 $I_{D2} = 2 \times 10^{-3}\,\text{A}$
より, $g_m = \dfrac{I_{D2} - I_{D1}}{\Delta V_{GS}} = \dfrac{0.4 \times 10^{-3}}{0.4} = 1.0 \times 10^{-3}\,\text{S}\ (1\,\text{mS})$

〈第3章〉

1． $I_{CQ} = \dfrac{V_{CC}}{R_C // R_L + R_C + R_e}$ および $V_{CEQ} = (R_C // R_L) \cdot I_{CQ}$ より, $I_{CQ} = 6.0 \times 10^{-3}\,\text{A}$, $V_{CEQ} = 3.0\,\text{V}$. $V_{BB} = V_{BE} + R_e \cdot I_{CQ}$ より $V_{BB} = 3.7\,\text{V}$, また, $V_{BB} = \dfrac{R_1}{R_1 + R_2} V_{CC}$ より $\dfrac{R_1}{R_1 + R_2} = \dfrac{V_{BB}}{V_{CC}} = 0.3083$, $R_b = \dfrac{1}{10}\beta R_e$ より $\dfrac{R_1 R_2}{R_1 + R_2} = 2500$, これらの方程式を解くと $R_1 = 3.61\,\text{k}\Omega$, $R_2 = 8.11\,\text{k}\Omega$

2． R_e がある場合： $A_{Vf} = -h_{fe} \dfrac{R_C // R_L}{h_{ie} + h_{fe} R_e} = -7.4$, $R_i = h_{ie} + h_{fe} R_e = 10.8\,\text{k}\Omega$

R_e がない場合： $A_V = -h_{fe} \dfrac{R_C // R_L}{h_{ie}} = -97.8$, $R_i = h_{ie} = 818\,\Omega$

負帰還をかけることにより, R_i は増大し, A_V は減少する.

3． $C_{st} \fallingdotseq C_C(1 + A_V) = 0.5 \times (1 + 29.85) = 15.4\,\text{pF}$

4．章末解図2に示すとおり

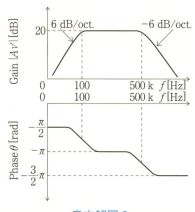

章末解図2

〈第 4 章〉

1. $R_1 // R_2 = 100\,\text{k}\Omega$, $\dfrac{R_1}{R_1 + R_2} V_{DD} = 2\,\text{V}$ より, $R_1 = 125\,\text{k}\Omega$, $R_2 = 500\,\text{k}\Omega$
2. $g_m = \beta(V_{GS} - V_T) = 4.8\,\text{mS}$, $A_V = -g_m R_L = -9.6$
3. $V_{DD} = 10\,\text{V}$ の時のバイアス点は負荷線の中点が望ましいため, $V_{DSQ} = 5\,\text{V}$, $V_{DSQ} = V_{DD} - R_L I_{DQ}$ より, $I_{DQ} = 1.25\,\text{mA}$, $I_D - V_{DS}$ 特性より $V_{GSQ} = 1.34\,\text{V}$
4. $A_V = \dfrac{g_m R_L}{1 + g_m R_L} = 0.98$ より, $g_m R_L = 49$

〈第 5 章〉

1. （1）I_B は小さいため無視して, $V_{BE} + 2I_{CQ} \cdot R_e - V_{EE} = 0$, $V_{CEQ} = V_{CC} + V_{EE} - R_C \cdot I_{CQ} - 2I_{CQ} \cdot R_e$ より, $I_{CQ} = 4.9\,\text{mA}$, $V_{CEQ} = 6.3\,\text{V}$

（2）$h_{ie} = h_{ib}(h_{fe} + 1) = 529.8\,\Omega$ より, $A_a = -\dfrac{R_C}{2R_e + \dfrac{h_{ie}}{h_{fe}+1} + \dfrac{R_b}{h_{fe}+1}}$
$= -0.498$, $A_d = -\dfrac{(h_{fe}+1)R_C}{h_{ie} + R_b} = -160.4$

（3）CMRR $= 322.1$

2. $A_0 = -A \cdot \dfrac{R_f}{R_s + R_f} = -909.1$, $\beta_f = \dfrac{R_s}{R_f} = 0.1$, $T = -A \cdot \dfrac{R_s}{R_s + R_f}$
$= -90.9$, $A_{Vf} = \dfrac{A_0}{1 - T} = -9.89$

3. GB $= A_m f_1 \dfrac{R_f}{R_s + R_f} = 318\,\text{kHz}$, OPアンプのGB $= A_m f_1 = 350\,\text{kHz}$, 略同じ

4. $I_1 = I_2$, $I_3 = I_4$ より $\dfrac{V_i - V_+}{R} = \dfrac{V_+}{\dfrac{1}{sC}}$, $\dfrac{V_-}{R_1} = \dfrac{V_o - V_-}{R_2}$, $V_+ = V_-$ を考慮すると,
$G(s) = \dfrac{V_o}{V_i} = \left(1 + \dfrac{R_2}{R_1}\right) \dfrac{1}{1 + sCR}$

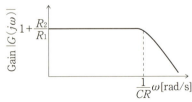

章末解図 3　周波数特性

5. $A_{dc} = \dfrac{g_{m1} g_{m6}}{(g_{d2} + g_{d4})(g_{d6} + g_{d7})}$ に $g_{m1} = 400 \times 10^{-6}$, $g_{m6} = 10 g_{m1}$, $g_{d2} = g_{d4} = 0.1 \times 25 \times 10^{-6}$, $g_{d6} = g_{d7} = 0.1 \times 800 \times 10^{-6}$ を代入すると $A_{dc} = 2000$

〈第6章〉

1. 6-2 の解説を参照

2. $v_o(nT) = \dfrac{C_1}{C} v_{i1}\left\{\left(n - \dfrac{1}{2}\right)T\right\} + \dfrac{C_2}{C} v_{i2}\left\{\left(n - \dfrac{1}{2}\right)T\right\}$

3. OP アンプ部を on 状態で動作させる時が電力消費の支配的な要因．制御パルス ϕ_B のデューティ比を大きくして OP アンプのオフ時間を長くする，電源電圧を下げる等が低消費電力化の方策．

〈第7章〉

1. 回路構成と入出力特性をそれぞれ章末解図 4，5 に示す．動作は以下のように説明される．$v_i < -V_r$ の時には D はオフし，v_o はバイアス電源により $-V_r$ にロックされる（$v_o = -V_r$）．$v_i > -V_r$ の時には，D がオン状態になるため，入出力は等しくなる（$v_o = v_i$）．

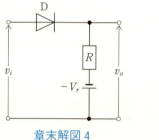

章末解図 4　　　　章末解図 5

2. 入出力特性は章末解図 6 のようになる．

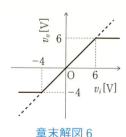

章末解図 6

3．出力波形を章末解図7に示す．

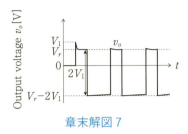

章末解図7

〈第8章〉

1．温度変化や電源電圧変動に伴うL，Cやトランジスタ等の素子定数の変化，負荷の変動が考えられる．

2．$\omega^2 = \dfrac{1}{L}\left(\dfrac{1}{C_1}+\dfrac{1}{C_2}\right)$ より $L = \dfrac{1}{\omega^2}\left(\dfrac{1}{C_1}+\dfrac{1}{C_2}\right) = 1.35 \text{ mH}$

3．$L_1 = h_{fe}\cdot L_2 = 10 \text{ mH}$，$2\pi f = \dfrac{1}{\sqrt{(L_1+L_2)C}}$ より $C = \dfrac{1}{(2\pi f)^2(L_1+L_2)}$
$= 62.7 \text{ pF}$

4．$\Delta f = \dfrac{\partial f}{\partial C}\cdot \Delta C$ で与えられる．$f = \dfrac{1}{2\pi\sqrt{(L_1+L_2)C}}$ から $\dfrac{\partial f}{\partial C}$
$= \dfrac{1}{2\pi\sqrt{(L_1+L_2)}}\dfrac{\partial}{\partial C}(C^{-\frac{1}{2}}) = \dfrac{1}{2\pi\sqrt{(L_1+L_2)}}\left(-\dfrac{1}{2C^{1.5}}\right) = f\cdot\left(-\dfrac{1}{2}\right)\dfrac{1}{C}$ である．これより，$\Delta f = f\cdot\left(-\dfrac{1}{2}\right)\dfrac{\Delta C}{C}$ と書けるので，$\dfrac{\Delta f}{f} = -\dfrac{1}{2}\cdot\dfrac{\Delta C}{C}$ となる．ここで，$\dfrac{\Delta C}{C} = 0.01$ であるから，$\dfrac{\Delta f}{f} = -0.005 = -0.5\%$ 変化することになる．

5．$f_s = \dfrac{1}{2\pi\sqrt{L_0 C_0}} = 2.8678 \times 10^6 \text{ Hz}$，$f_p = f_s\sqrt{1+\dfrac{C_0}{C_1}} = 2.8717 \times 10^6 \text{ Hz}$
より $\Delta f = 2.8678 \times 10^6 \text{ Hz} \sim 2.8717 \times 10^6 \text{ Hz}$，$\Delta f = \dfrac{f_p - f_s}{f_s} = 0.14\%$

6．進相形のβ_fは，(8-29)式のRとZを入れ替えればよいので，
$\beta_f = \dfrac{V_o}{V_i} = \dfrac{R^3}{Z^3+5Z^2 R+6ZR^2+R^3}$ となる．発振条件は反転アンプの利得をA_0として $A_0\cdot\beta_f = A_0\dfrac{R^3}{Z^3+5Z^2 R+6ZR^2+R^3} = 1$ で表されるから，利得の式に直すと，$A_0 = \left(\dfrac{Z}{R}\right)^3+5\left(\dfrac{Z}{R}\right)^2+6\left(\dfrac{Z}{R}\right)+1$ となる．ここで，$Z = \dfrac{1}{j\omega C}$ であるから，$A_0 = j\left(\dfrac{1}{\omega CR}\right)^3 - 5\left(\dfrac{1}{\omega CR}\right)^2 - 6j\dfrac{1}{\omega CR}+1$ となる．A_0は実数のため，虚数部$= 0$，すなわち，$\left(\dfrac{1}{\omega CR}\right)^3 - 6\dfrac{1}{\omega CR} = 0$ $\therefore \omega = \dfrac{1}{\sqrt{6}\,CR}$ の周波数条件

が得られる．これより，発振周波数は $f = \dfrac{1}{2\pi\sqrt{6}\,CR}$ になる．

また，この時，振幅条件は，$A_0 = 1 - 5\left(\dfrac{1}{\omega CR}\right)^2 = -29$ となる．

7．発振周波数条件の式から，$C = \dfrac{1}{2\pi fR}$ に代入して C を求めると，$R = 100\,\text{k}\Omega$，$f = 1500\,\text{Hz}$ の場合には，$C = 1061\,\text{pF}$，$R = 1\,\text{M}\Omega$，$f = 200\,\text{Hz}$ の場合には，$C = 796\,\text{pF}$ が得られる．よって，$C = 1000\,\text{pF}$ に設定すれば 200〜1500 Hz での発振周波数をカバーできる．

〈第 9 章〉

1．発振周期の式 $T = 0.7(C_1R_1 + C_2R_2) = 0.7 \times 2CR$ より，$R = \dfrac{T}{1.4C} = \dfrac{1.0 \times 10^{-6}}{1.4 \times 10000 \times 10^{-12}} = 71.4\,\Omega$

2．$T = 0.7\,CR = 0.7 \times 0.005 \times 10^{-6} \times 20 \times 10^3 = 70 \times 10^{-6}\,\text{s}\,(= 70\,\mu\text{s})$

3．積分における直線性に優れている．時定数の時間幅での相対誤差は 10^{-5} のオーダであり，極めて小さい．

4．章末解図 8 に示すように，等価回路の各閉回路のループ電流を i_1, i_2 として閉回路方程式を立てる．

$$V = R\cdot i_1 + R_i(i_1 - i_2) \tag{1}$$

$$0 = R_i\cdot(i_2 - i_1) + \dfrac{1}{C}\int i_2\,dt + v_o \tag{2}$$

$$v_o = -A\cdot v_x \tag{3}$$

$$v_x = R_i(i_1 - i_2) \tag{4}$$

これら（1）〜（4）より i_1, i_2, v_x を消去して，v_o で整理すると，

$$v_o(t) + \dfrac{1}{(1+A)\,C\cdot R//R_i}\int v_o(t)\,dt = -\dfrac{1}{RC}\cdot\dfrac{A}{1+A}\int V\,dt$$

両辺を微分すると，

$$\dfrac{dv_o(t)}{dt} + \dfrac{1}{(1+A)\,C\cdot R//R_i}v_o(t) = -\dfrac{1}{RC}\cdot\dfrac{A}{1+A}V$$

となる．この線形微分方程式を初期条件 $v_o(0) = 0$ の基に解くと，

$$v_o(t) = -\dfrac{AR_i}{R+R_i}V\cdot\left\{1 - \exp\left(-\dfrac{t}{(1+A)\,C\cdot R//R_i}\right)\right\}$$

フーリエ級数展開をして，$\dfrac{A}{1+A} \sim 1$ を考慮し，かつ t に関する 2 次の項までで

近似すると,

$$v_o(t) \fallingdotseq -\frac{AR_i}{R+R_i}V \cdot \left[1 - \left\{1 - \frac{t}{(1+A)C \cdot R//R_i} + \frac{1}{2}\left(\frac{t}{(1+A)C \cdot R//R_i}\right)^2\right\}\right]$$

$$\fallingdotseq -\frac{Vt}{CR}\left[1 - \frac{t}{2AC(R//R_i)}\right]$$

となる.

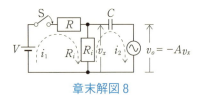

章末解図 8

〈第 10 章〉

1. 入力信号が $\frac{dv_i(t)}{dt}|\max$ の最大変位をする時に, $\frac{2V_m}{2^n}$ の入力信号変化量内に収まるようなアパーチャタイム t_a を求めればよい. $\Delta V = t_a \cdot \frac{dv_i(t)}{dt}|\max$ より, $t_a = \frac{\Delta V}{\frac{dv_i(t)}{dt}|\max} = \frac{2V_m}{2^n}\frac{1}{V_m(2\pi f)} = \frac{1}{2^n(\pi f)}$

2. $n = 4$ bit の場合, $t_a = \frac{1}{2^n(\pi f)} = \frac{1}{2^4(\pi 10^3)} = 19.9\,\mu s$

   $n = 10$ bit の場合, $t_a = \frac{1}{2^n(\pi f)} = \frac{1}{2^{10}(\pi 10^3)} = 0.31\,\mu s$

3. コード 0001 の時 $v_o = -0.1$ V, コード 1000 の時 $v_o = -0.8$ V, コード 1011 の時 $v_o = -1.1$ V, コード 1101 の時 $v_o = -1.3$ V, コード 1111 の時 $v_o = -1.5$ V

4. 章末解図 9 および章末解表 1 に示すとおり.

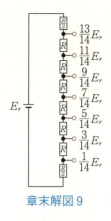

章末解図 9

章末解表 1

v_i	Z_0	Z_1	Z_2
$v_i < \frac{1}{14}E_r$	0	0	0
$\frac{1}{14}E_r \leq v_i < \frac{3}{14}E_r$	1	0	0
$\frac{3}{14}E_r \leq v_i < \frac{5}{14}E_r$	0	1	0
$\frac{5}{14}E_r \leq v_i < \frac{7}{14}E_r$	1	1	0
$\frac{7}{14}E_r \leq v_i < \frac{9}{14}E_r$	0	0	1
$\frac{9}{14}E_r \leq v_i < \frac{11}{14}E_r$	1	0	1
$\frac{11}{14}E_r \leq v_i < \frac{13}{14}E_r$	0	1	1
$\frac{13}{14}E_r \leq v_i$	1	1	1

〈第 11 章〉

1. 図 11-5 に示す LPF におけると同様に，回路系の電流式を立てることにより利得を求めると，$\omega_0 = \dfrac{1}{\sqrt{R_1 R_2 C_1 C_2}}$, $Q = \sqrt{\dfrac{R_2}{R_1}} \cdot \dfrac{\sqrt{C_1 C_2}}{C_1 + C_2}$ として，
$$A_V = \dfrac{s^2}{s^2 + s\dfrac{1}{R_2}\left(\dfrac{1}{C_1} + \dfrac{1}{C_2}\right) + \dfrac{1}{C_1 C_2 R_1 R_2}} = \dfrac{s^2}{s^2 + s\dfrac{\omega_0}{Q} + \omega_0{}^2}$$
$C_1 = C_2 = C$ の時には，$Q = \dfrac{1}{2}\sqrt{\dfrac{R_2}{R_1}}$, $\omega_0 = \dfrac{1}{C}\sqrt{\dfrac{1}{R_1 R_2}}$ となるから，$R_1 = \dfrac{1}{2Q\omega_0 C}$, $R_2 = \dfrac{2Q}{\omega_0 C}$.

2. アクティブ LPF の高域の周波数特性を制限するのは，OP アンプの高域での減衰特性であり，これにより高域特性が規定される．

3. RC の積分回路の従属する段数を増やす，あるいはアクティブ LPF を従属的に付加する．

4. 注意点：① MOSFET 等のアクティブ素子のモデルパラメータの設定に当たっては，想定プロセスに適合した値に設定する．② フローティングの回路が形成される場合には，高抵抗を介してシャントしたり，Ground に落とす．

参考文献

⟨第 1 章⟩

[1] 半導体ハンドブック編纂委員会編，"半導体ハンドブック"，オーム社，第 1 版，1971 年 4 月．
[2] 徳山巍，"MOS デバイス"，工業調査会，4 版，1978 年 5 月．
[3] 吉田重知，"電子工学"，朝倉書店，増補版，1980 年 10 月．
[4] 松本崇，篠崎寿夫，"理工医系のための電子回路入門"，東海大学出版会，第 4 刷，1991 年 1 月．
[5] 赤羽進，岩崎臣男，川戸順一，牧康之，"電子回路（1）アナログ編"，コロナ社，初版，1995 年 2 月．
[6] 西村信雄，落山謙三，"改訂電子工学"，コロナ社，改訂版，1994 年 11 月．
[7] 菊池正典，高山洋一郎，鈴木俊一，"半導体・IC のすべて"，電波新聞社，第 1 刷，2000 年 10 月．

⟨第 1，4，7 章⟩

[8] 藤井信生，"アナログ電子回路の基礎"，昭晃堂，初版，2011 年 9 月．

⟨第 4 章⟩

[9] 大越孝敬，"大学課程基礎電子回路"，オーム社，改訂 2 版，1991 年 2 月．
[10] 池田誠，"MOS による電子回路基礎"，数理工学社，初版，2011 年 5 月．

⟨第 5 章⟩

[11] 吉澤浩和，"CMOS OP アンプ回路実務設計の基礎"，CQ 出版社，第 2 版，2007 年 8 月．
[12] 谷口研二，"CMOS アナログ回路入門"，CQ 出版社，第 6 版，2008 年 8 月．

〈第 5，7，9 章〉

[13]　原田耕介，二宮保，中野忠夫，"基礎電子回路"，コロナ社，初版，1993 年 2 月．

〈第 6，11 章〉

[14]　R. Gregorian and G. C. Temes, "Analog MOS Integrated Circuits for Signal Processing", John Wiley and Sons, New York, 1986.

[15]　武部幹，岩田穣，高橋宣明，国枝博昭，"スイッチトキャパシタ回路"，現代工学社，第 3 版，2005 年 4 月．

[16]　H. Wakaumi, "A Folded-Cascode OP Amplifier with a Dynamic Switching Bias Circuit", *Engineering Letters published by the International Association of Engineers*, Vol. 23, Issue 2, pp. 92-97, June 2015.

〈第 7，8，9 章〉

[17]　岡山努，"アナログ電子回路設計入門"，コロナ社，初版，1994 年 12 月．

[18]　桜庭一郎，熊耳忠，"電子回路"，森北出版，第 2 版，2002 年 9 月．

〈第 8 章〉

[19]　須田健二，土田英一，"電子回路"，コロナ社，初版，2004 年 4 月．

〈第 8，9 章〉

[20]　押山保常，相川孝作，辻井重男，久保田一，"改訂電子回路"，コロナ社，第 43 版，1991 年 3 月．

[21]　根岸照雄，中根英，高田英一，"電子回路基礎"，コロナ社，初版，2001 年 7 月．

〈第 9，10 章〉

[22]　内山明彦，"パルス回路"，コロナ社，初版，平成 24 年 1 月．

〈第 10 章〉

[23]　今井聖，"トランジスタ DA・AD 変換器"，産報，第 3 版，1970 年 2 月．

[24]　高橋寛，関根好文，作田幸憲，"ディジタル回路"，コロナ社，初版，1996 年 9 月．

[25] 山崎亨，"情報工学のための電子回路"，森北出版，第1版，1996年10月．
[26] P. E. Allen and D. R. Holberg, "CMOS Analog Circuit Design", Oxford University Press, New York, 1987.
[27] S. Nakamura and H. Wakaumi, "Switched Capacitor D-A Converters with a Dual Reference Input Addition Method", *Proceedings of SICE Annual Conference 2013*, pp. 1685-1688, Sept. 2013.
[28] 佐々木優旗，若海弘夫，"フラッシュ型CMOS A/D変換器"，平成26年度電子情報通信学会東京支部学生会研究発表会，p. 26，2015年2月．

〈第11章〉

[29] A. S. Grove, "Physics and Technology of Semiconductor Devices", John Wiley and Sons, New York, 1967.
[30] P. Antognetti and G. Massobrio, "Semiconductor Device Modeling with SPICE", McGraw-Hill, Singapore, 1988.
[31] ポールW. トネンガ，松本敏之訳，"SPICEによる電子回路設計入門"，CQ出版社，第3版，1992年1月．
[32] 岩谷哲雄監修，"B²Spice A/D 2000 日本語マニュアル"，そらコンピュータ・プロダクツ，第3版，2001年3月．

記号リスト

記号	意　味
A	OP アンプの電圧利得
A_0	開ループ利得
A_0	アンプの電圧利得
A_a	同相利得
A_d	差動利得
A_{f0}	帰還増幅器の低域電圧利得
A_i	電流増幅度
A_m	OP アンプの低域における電圧利得
A_V	電圧増幅度（電圧利得）
A_{V1}	初段アンプの電圧利得
A_{V2}	2段目アンプの電圧利得
A_{Vf}	帰還増幅回路の電圧利得
A_{Vt}	2段アンプ全体の電圧利得
A_V'	電圧利得
B	ベース
C	単位面積当たりの接合容量
C	コレクタ
C	$\sqrt{C_1 C_2}$
C_0	水晶振動子の弾性的な変位に相当する量
C_1	水晶振動子の電極間容量
$C_{1\sim2}$	キャパシタンス
C_2'	ミラー容量（入力から出力端を見た等価容量）
C_{BC}	キャパシタンス
C_{BE}	キャパシタンス
C_L	負荷容量
CMRR	弁別比

記号	意味
C_c	結合コンデンサの容量
C_c	C-B間極間容量
C_e	エミッタバイパスコンデンサおよび容量
C_e	入力端子から見た対地容量
C_e'	等価バイパスコンデンサ容量
C_o	単位面積当たりのゲート酸化膜容量 [F/m²]
C_S	スピードアップコンデンサ(C_{S1}, C_{S2} も同じ)
C_{st}	浮遊容量(分布容量)
C'	容量
D	ダイオード(D_1, D_2 も同じ)
E	エミッタ
E	最大定格入力値
E_F	フェルミレベルのエネルギー準位
E_V	充満帯(価電子帯)の上端のエネルギー準位
E_c	伝導帯の下端のエネルギー準位
E_r	ブリーダ基準電源電圧
E_r	D/A変換基準入力電圧
$F_{1\sim 6}$	ディジタル出力
F_B	3次元形状効果を考慮した係数
F_n	狭チャネル効果を考慮した係数
F_s	D/A変換器のフルスケール出力電圧
F_s	短チャネル効果を考慮した係数
$G(s)$	伝達関数
GB	GB積
I	電流
I_0	差動増幅回路の電流源に流れる電流
$I_{1\sim n}$	入力電流
$I_{1\sim 3}$	ループ電流
I_B	ベース電流
I_{BQ}	動作点におけるベースバイアス電流
I_{CBO}	コレクタ遮断電流
I_{CQ}	動作点におけるコレクタバイアス電流
I_D	ドレーン電流

記号リスト

記号	意　味
$I_{D,\text{sat}}$	飽和電流
I_{DQ}	ドレーンバイアス電流
I_E	エミッタ電流
I_F	順方向電流
I_R	逆方向電流
I_s	入力電流
I_{b1}	片側トランジスタのベース電流
I_{b2}	反対側トランジスタのベース電流
I_C	コレクタ電流
I_{C1}	片側トランジスタのコレクタ電流
I_{C2}	反対側トランジスタのコレクタ電流
I_{e1}	片側トランジスタのエミッタ電流
I_{e2}	反対側トランジスタのエミッタ電流
I_f	帰還電流
I_j	j 番目の接点からの流れ出る電流
I_s	逆方向飽和電流
KP	相互コンダクタンスパラメータ（$= C_0 \times \mu$）
K_O	SiO_2 の比誘電率（$= 3.8$）
K_S	Si の比誘電率（$= 11.7$）
L	チャネル長
L	水晶振動子の等価インダクタンス
L_0	水晶振動子の質量に相当する量
$L_{1\sim 2}$	コイルのインダクタンス
L_{eff}	実効的なチャネルの長さ（$= L - 2X_{jl}$）
L'	実効チャネル長
L'	LC 共振回路の等価インダクタンス
N	量子化レベル数（$= 2^n$）
$N_{1\sim 2}$	カウント数
N_A	低濃度半導体領域の不純物濃度
N_A	半導体基板の不純物濃度
Q	先鋭度
Q	電荷量
R_0	水晶振動子の機械的な損失に相当する量

記号	意　味
$R_{1\sim2}$	抵抗
$R_{1\sim2}$	出力抵抗
R_C	コレクタ側抵抗（R_{C1}, R_{C2} も同じ）
R_L	負荷抵抗
R_{L1}	初段アンプの負荷インピーダンス
R_{L2}	2段目アンプの負荷インピーダンス
R_a	抵抗
R_{ac}	交流負荷抵抗
R_b	R_1 と R_2 の並列回路の等価抵抗
R_b	ベース端子側抵抗
R_e	帰還抵抗
R_e'	等価帰還抵抗
R_f	帰還抵抗
R_g	入力信号源内部抵抗
R_i	入力インピーダンス
R_i	入力端子側抵抗
R_{ie}	入力抵抗
R_o	前段アンプの出力インピーダンス
R_o	R_L と R_C の並列抵抗
R_o	OPアンプの出力抵抗
R_{out}	出力抵抗
R_s	入力端子側抵抗
R_{s1}	帰還抵抗
R_{s2}	帰還抵抗
S_I	交流コレクタ遮断電流 ΔI_{CBO} に対する安定係数
SR	スルーレート $\left(=\frac{dv_o}{dt}\bigr|_{\max}\right)$
S_V	ベースエミッタ間交流信号電圧 ΔV_{BE} に対する安定係数
S_h	交流エミッタ接地電流増幅率 Δh_{FE} に対する安定係数
T	絶対温度 [K]
T	ループ利得
T	クロック周期
T_o	安定動作期間

記号リスト

記号	意味
$T_{1\sim2}$	積分期間
T_B	DSB 回路の制御パルスによる電流源オフ期間
T_S	DSB 回路の制御パルスの周期
V	印加電圧
V	振幅
V_+	OP アンプの＋入力端子電圧
V_1	差動増幅回路の片側入力信号電圧
V_1	OP アンプの－端子入力電圧
V_1	入力パルスのピーク電位
V_1'	差動増幅回路の片側出力信号電圧
V_2	差動増幅回路の反対側入力信号電圧
V_2'	差動増幅回路の反対側出力信号電圧
V_B	ベースバイアス電圧
V_B	電流源のバイアス
V_B	B-E 間のオン電圧
V_{BB}	ベースバイアス電源電圧
V_{BB}	等価ベースバイアス電源電圧
V_{BE}	ベースエミッタ間電圧
V_{BEQ}	動作点におけるベースバイアス電圧
V_{BS}	基板バイアス電圧
V_{CE}	コレクタエミッタ間電圧
V_{CEQ}	動作点におけるコレクタバイアス電圧
V_{CES}	C-E 間飽和電圧
V_D	ダイオードのオン電圧
$V_{D,\text{sat}}$	飽和開始時のドレーン電圧
V_{DD}	FET 増幅回路の電源電圧
V_{DD}	CMOS OP アンプの電源電圧
V_{DS}	ドレーン電圧
V_{DSQ}	ドレーンバイアス電圧
V_{EE}	電源電圧
V_F	順方向電圧
V_{FB}	フラットバンド電圧
V_{GG}	FET 増幅回路におけるゲート側電源電圧

記号	意味
V_{GS}	ゲート電圧
V_{GSQ}	ゲートバイアス電圧
V_P	ピンチオフ電圧
V_R	逆方向バイアス電圧
V_{SS}	電源電圧
V_T	しきい値電圧
V_b	ベース入力電圧
V_{bias}	固定バイアス電圧
$V_{bias1\sim4}$	バイアス電源電圧
V_{CC}	バイポーラ増幅回路におけるコレクタ側電源電圧
V_i	入力信号振幅
V_i	入力電圧
V_{in}^+	＋端子側入力信号電圧
V_{in}^-	－端子側入力信号電圧
V_n	非直線歪み電圧
V_n	反転形加算アンプの第 n 番目の入力信号電圧
V_o	出力信号振幅
V_o	出力電圧
V_{o1}	出力電圧
V_{o2}	出力電圧
V_{out}	OPアンプ出力電圧
V_o'	電圧源供給電圧
V_r	基準電源電圧
V_{ref}	基準電圧
$V_{ref1\sim2}$	基準電圧
V_t	トリガパルスの振幅
V_X	差動アンプ出力電圧
V_z	ツェナー電圧
V_-	OPアンプの－入力端子電圧
W	空乏層幅
W	チャネル幅
W_c	空乏化したシリンドリカル領域の厚み
W_p	空乏層の厚み

記号リスト

記号	意　味
X	リアクタンス
$X_{1\sim3}$	リアクタンス
$X_{1\sim3}$	比較器出力
X_D	飽和領域におけるチャネル長変調の濃度依存性を決める値
X_j	接合の深さ
X_{jl}	横方向拡散長
Z	インピーダンス
$Z_{0\sim2}$	2進数出力
$Z_{1\sim3}$	インピーダンス
ZD	ツェナーダイオード
Z_f	帰還インピーダンス
Z_{in}	入力インピーダンス
Z_p	並列インピーダンス
Z_s	入力端子側インピーダンス
Z_s	直列インピーダンス
$b_{1\sim n}$	2進数のビット
f_0	平均発振周波数
f_0	高域遮断周波数
f_0	出力発振周波数
f_1	OPアンプの1次の高域遮断周波数
$f_{1\sim2}$	分周器の出力周波数
f_c	水晶発振器の発振周波数
f_c	サンプリング周波数
f_h	高域遮断周波数
f_l	低域遮断周波数
f_p	並列共振周波数
f_s	直列共振周波数
f_{sig}	アナログ信号周波数
f_u	ユニティゲイン周波数
g_d	ドレーンコンダクタンス
$g_{d1\sim7}$	対応MOSFETのドレーンコンダクタンス
g_m	相互コンダクタンス［S］

記号	意　味
g_m	$\dfrac{h_{fe}}{h_{ie}}$
$g_{m1 \sim 14}$	対応 MOSFET の相互コンダクタンス
h_{FE}	直流エミッタ接地電流増幅率
h_{IE}	入力抵抗
h_f	出力端短絡電流増幅率
h_{fe}	交流信号に対するエミッタ接地（出力端短絡）電流増幅率（$= \Delta h_{FE}$）
h_i	出力端短絡入力インピーダンス［Ω］
h_{ib}	ベース接地入力インピーダンス［Ω］
h_{ie}	エミッタ接地出力端短絡入力インピーダンス［Ω］
h_o	入力端開放出力アドミッタンス［S］
h_{oe}	エミッタ接地入力端開放出力アドミッタンス［S］
h_r	入力端開放電圧帰還率
h_{re}	エミッタ接地入力端開放電圧帰還率
i	定電流
i_1	入力電流
i_2	出力電流
i_b	交流ベース電流（$= \Delta I_B$）
i_c	交流コレクタ電流（$= \Delta I_C$）
i_d	交流ドレーン電流
i_{d1}	MOSFET M_1 のドレーン電流
i_{d2}	MOSFET M_2 のドレーン電流
i_e	交流エミッタ電流（$= \Delta I_E$）
i_i	交流入力電流
k	ボルツマン定数（$= 1.38 \times 10^{-23}$ J/K）
n	ビット数
n_i	真性半導体のキャリヤ密度（$\sim 10^{10}$ cm^{-3}）
q	電子の電荷量（$= 1.6 \times 10^{-19}$ C）
q	量子数（最小分割レベル）
q_o	C-B 間蓄積電荷量
r_c	内部抵抗
r_d	ドレーン抵抗
$r_{d1 \sim 15}$	対応 MOSFET のドレーン抵抗

記号リスト

記号	意　　味
t_a	アパーチャタイム
t_{ox}	酸化膜の厚み
t_s	アクイジションタイム
v	定電圧
v_1	入力信号電圧
v_2	出力信号電圧
v_2	MOSFET M_2 の G-S 間入力信号電圧
$v_{B1\sim 2}$	ベース端子電圧
v_{DS}	ドレーンソース間電圧
v_{GS}	ゲートソース間電圧
v_{be}	交流ベースエミッタ間電圧
v_C	キャパシタンス端子電圧
$v_{C1\sim 2}$	コレクタ端子電圧
v_e	帰還電圧
v_g	入力信号電圧
v_{gs}	ゲートソース間交流信号電圧
v_i	入力電圧
$v_{i1\sim 2}$	入力信号電圧
v_{max}	$V_{DS} = V_{D,\text{sat}}$ におけるキャリヤの最大ドリフト速度
v_o	出力電圧
v_o'	出力電圧
ΔI_{CBO}	交流コレクタ遮断電流
ΔI_D	交流ドレーン電流（$= i_d$）
ΔT	余裕期間
ΔV	入力信号変化量
ΔV_{BE}	ベースエミッタ間交流信号電圧
ΔV_{CE}	コレクタエミッタ間交流信号電圧
ΔV_{DS}	交流ドレーン電圧
ΔV_{GS}	交流ゲート電圧
Δf	最大周波数変動幅
ϕ	遅れ角
α	ベース接地電流増幅率

記号	意　味
α	$R_e + h_{ib} + \dfrac{R_b}{h_{fe}+1}$
β	直流に対するエミッタ接地電流増幅率（$= h_{FE}$）
β	$\dfrac{W}{L} C_o \mu$ [F/(v·sec)]
β	R_e
β_f	帰還率，帰還回路の利得
γ	基板効果係数
δ	狭チャネル効果の係数 F_n を決める値
ε	理想特性からの直線性の相対誤差
ε_0	真空の誘電率（$= 8.854 \times 10^{-14}$ F/cm）
ε_S	Si の誘電率
ε_{ox}	SiO_2 の誘電率
θ	位相遅れ
θ	表面移動度 μ_S のゲート電圧依存性を決める値
λ	I_D のドレーン電圧依存性の実験的な補正係数
μ	電子 or ホールの実効移動度 [m^2/(v·sec)]
μ	FET の増幅率
μ_S	表面移動度
μ_{eff}	実効移動度
σ	V_T の V_{DS} 依存性を示す実験的な値
$\phi_{1\sim 2}$	クロックパルス
ϕ_B	拡散電位（≒ 0.6 V）
ϕ_B	DSB 回路の制御パルス
ϕ_F	フェルミ電位
ϕ'	進み角
ω	角周波数
ω_0	高域遮断角周波数
ω_1	1 次の高域遮断角周波数
ω_2	2 次の高域遮断角周波数
ω_3	3 次の高域遮断角周波数
ω_h	2 段アンプ全体の高域遮断角周波数
ω_h	高域遮断角周波数
ω_{h1}	初段アンプの高域遮断角周波数

記号	意　味
ω_{h2}	2段目アンプの高域遮断角周波数
ω_l	低域遮断角周波数
ω_{p1}	ファーストポール角周波数
ω_{p1}'	ファーストポール角周波数
ω_{p2}	セコンドポール角周波数
ω_{p2}'	セコンドポール角周波数

索　引

A
A/D 変換器 ······················· 138
As ································· 2

B
B ································· 2
base ······························· 7
breakdown ························ 98
BPF ····························· 163
B²Spice ························· 154

C
collector ··························· 7
CMOS ················ 11, 12, 67, 145, 165
CMRR ··························· 61
CR 結合増幅回路 ················· 34

D
Dang モデル ···················· 157
D/A 変換器 ················ 143, 146
D-MOSFET ···················· 11, 13
DSB ····························· 87

E
emitter ···························· 7
E-MOSFET ···················· 11, 13

F
FC-OP アンプ ················ 86, 165
FET ·························· 24, 49

G
Ga ································ 2
GB 積 ··························· 74
g_m ······················ 27, 51, 68, 88

H
h パラメータ ······················ 25

H
HPF ·························· 79, 163

I
IC ···················· 58, 67, 149, 155, 165

J
JFET ······························ 9

L
LPF ·························· 79, 163
LC 発振器 ······················ 107
LSB ·························· 139, 149

M
Meyer モデル ···················· 156
MOS アンプ ····················· 159
MOSFET ················ 9, 48, 67, 145
MOSFET モデル ············· 13, 155
MSB ·························· 143, 149
μ ····················· 13, 28, 156

N
n 形 ··························· 2, 12
npn ···························· 8, 64
n チャネル ····················· 9, 10

O
OP アンプ ············ 63, 67, 69, 84, 101, 161

P
p チャネル ······················ 9, 12
PLL 水晶発振回路 ·············· 115
pn 接合 ··························· 2
p 形 ··························· 2, 12
pnp ···························· 8, 64
Poly-Si ··························· 10

Q
Q ··························· 114, 163

索引

R

RC 発振回路 ································ 116
r_d ·· 28, 88

S

Shichman and Hodges モデル ··········· 156
SCF ··· 84
SC アンプ ······························ 85, 165
SC-D/A 変換器 ························· 150
Si ··· 2, 10
SiO_2 ································ 10, 12, 156
S/H ·································· 140, 145
SPICE ································ 145, 154
Subranging ······························· 149

V

VCO ······································· 115

あ

アクイジションタイム ··················· 140
アクセプタイオン ························· 10
アクティブフィルタ ····················· 163
圧電効果 ·································· 112
アナログスイッチ ··················· 140, 149
アパーチャタイム ······················· 140
安定係数 ·································· 21
安定度 ···································· 21
暗箱回路 ·································· 25
アンプ ·························· 7, 58, 63, 85

い

移相形 RC 発振回路 ····················· 116
位相特性 ······························ 43, 161
位相補償 ······························· 68, 73
位相余裕 ·································· 68
移動度 ································ 13, 158

う

ウィーンブリッジ発振回路 ············· 118

え

エネルギー準位 ··························· 3
エミッタ接地 ··························· 16, 26
エミッタバイパスコンデンサ ············ 40
エミッタフォロア ························ 135
エンコーダ ······························· 144
エンハンスメント形 ·················· 10, 12

お

オフセット電圧・電流 ···················· 65

か

開放利得 ································ 165
回路シミュレータ ······················· 154
拡散 ······································· 2
拡散電位 ·································· 3
加算アンプ ······························· 76
加算形 D/A 変換器 ····················· 147
カスコード増幅回路 ······················ 52
仮想接地 ······························ 70, 132
カットオフ周波数 ················ 36, 64, 164
過渡解析 ······························ 159, 161
カレントミラー回路 ··················· 67, 89

き

帰還回路 ···················· 64, 69, 106, 110, 116, 118
帰還増幅器 ··························· 63, 69
帰還発振器 ······························ 106
帰還容量 ································· 132
帰還率 ···························· 36, 106, 117, 119
逆相入力 ·································· 59
逆方向バイアス ··························· 4
キャリヤ ································ 2, 12
共振振動現象 ··························· 112
禁制帯 ····································· 3

く

空間電荷 ·································· 2
空乏層 ····························· 2, 9, 12, 158
クランプ回路 ····························· 99
クリッパ ·································· 94

け

ゲート ································· 9, 28
ゲート酸化膜容量 ························ 13
ゲート接地 ······························· 51
結合コンデンサ ··············· 19, 39, 43

こ

高域遮断周波数 ················ 36, 41, 73
降伏電圧 ·································· 5
高利得アンプ ····························· 64
交流結合 ···························· 124, 127
交流増幅回路 ····························· 19
固定バイアス回路 ························ 21

固有弾性振動 ……………………………… 112
コルピッツ発振器 ………………………… 109, 115
コレクタ遮断電流 ………………………… 9, 21
コレクタ接地 ……………………………… 17
コレクタ電流 ……………………………… 8, 19, 22
コレクタベース結合形 …………………… 127

さ

差動増幅回路 ……………………………… 58, 67, 76
差動利得 …………………………………… 59
3 点接続法 ………………………………… 109
サンプリング定理 ………………………… 138
サンプルホールド ………………………… 140, 145

し

しきい値電圧 ……………………………… 10, 48, 156
自己バイアス回路 ………………………… 22
シミュレーション ………………………… 154, 159, 161
出力アドミタンス ………………………… 25
出力段アンプ ……………………………… 64
出力特性 …………………………………… 17
周波数特性 ………………………………… 17, 38, 66, 68, 73, 162
周波数条件 ………………………………… 107, 119
周波数帯域 ………………………………… 39
充満帯 ……………………………………… 3
順方向バイアス …………………………… 3
少数キャリヤ ……………………………… 4
少数キャリヤ蓄積効果 …………………… 6
消費電力 …………………………………… 85, 146, 166
振幅条件 …………………………………… 107

す

水晶振動子 ………………………………… 111
水晶発振器 ………………………………… 111
スイッチトキャパシタ D/A 変換器 …… 149
スイッチトキャパシタフィルタ ………… 84
スライサ …………………………………… 99
スルーレート ……………………………… 65, 165

せ

正帰還 ……………………………………… 71, 106
静特性 ……………………………………… 17
整流作用 …………………………………… 4
積分回路 …………………………………… 74, 77
接合容量 …………………………………… 6
ゼロ点ドリフト …………………………… 58
線形演算 …………………………………… 75
線形領域 …………………………………… 10

そ

双安定マルチバイブレータ ……………… 130
相互コンダクタンス ……………………… 27, 50
相補トランジスタ ………………………… 64
増幅率 ……………………………………… 28
ソース ……………………………………… 10
ソース接地 ………………………………… 50
ソースフォロア …………………………… 55

た

ターマン発振回路 ………………………… 118
帯域幅 ……………………………………… 66
ダイオード ………………………………… 4, 94, 99, 101, 130
ダイナミックスイッチングバイアス …… 85
多数キャリヤ ……………………………… 4, 9
単安定マルチバイブレータ ……………… 127

ち

逐次比較形 ………………………………… 143
チャネル …………………………………… 10
チャネル長 ………………………………… 13, 158
チャネル長変調効果 ……………………… 157
チャネル幅 ………………………………… 13, 158
直結型回路 ………………………………… 58
直線性 ……………………………………… 131, 133
直流結合 …………………………………… 127, 130
直流再生回路 ……………………………… 100
直列共振周波数 …………………………… 112

つ

ツェナー降伏 ……………………………… 5
ツェナーダイオード ……………………… 98
ツェナー電圧 ……………………………… 5, 98

て

低域遮断周波数 …………………………… 36, 40
定電流源回路 ……………………………… 64
デプレッション形 ………………………… 11
テレスコピック形 ………………………… 89
電圧駆動型 ………………………………… 48
電圧源 ……………………………………… 24
電流源 ……………………………………… 24
電圧帰還率 ………………………………… 25
電圧制御発振器 …………………………… 115
電圧増幅度 ………………………………… 19, 27, 63
電圧利得 …………………………………… 19, 29, 36, 38, 51, 70, 106, 117, 161
電位障壁 …………………………………… 3

索　引

電界効果トランジスタ……………………9
伝導帯………………………………………3
電子…………………………………2, 7, 9, 13
電流帰還増幅回路………………………37
電流帰還バイアス回路…………………23
電流増幅度…………………………19, 38
電流増幅率………………………9, 16, 19, 25

と

等価回路…19, 24, 35, 41, 53, 59, 107, 112, 132, 148
動作点……………………………18, 34, 49
同相入力………………………………59
同相利得………………………………59
動特性…………………………………17
ドナーイオン…………………………11
トランジスタ発振回路…………………109
ドレーン………………………………10
ドレーン接地……………………………54
ドレーン抵抗……………………………28
トンネル現象……………………………5

な

雪崩降伏…………………………………5

に

2進数…………………………144, 147, 149
二重積分形……………………………141
2入力加算方式D/A変換器……………150
入力インピーダンス………25, 28, 52, 54, 69
入力特性………………………………17

の

のこぎり波発生回路……………………131

は

ハートレー発振器…………………110, 114
バイアス回路………………………34, 37
バイアス点…………………………34, 49
波形整形回路……………………………96
波形歪み………………………………101
バイポーラトランジスタ………………7, 16
バターワース特性………………………164
発振条件………………………………107
発振成長条件…………………………107
発振持続条件…………………………107
バッファ…………………………75, 134
反転アンプ……………………………75
反転層………………………………10, 12

半導体………………………………2, 7, 10
半波整流回路…………………………101

ひ

ピアスBE形発振回路…………………114
ピアスCB形発振回路…………………115
ピーク検出回路………………………102
ピエゾ効果……………………………112
比較器………………………141, 143, 144
非直線歪み……………………………36
非反転アンプ………………………75, 161
微分回路………………………………78
標本化………………………………138
ピンチオフ電圧…………………………10

ふ

ブートストラップ回路…………………133
フェルミ準位……………………………3
フォールデッドカスコードOPアンプ……87
負荷線………………………………18, 19, 34
負荷容量………………………………66
負帰還………………………………34, 36, 71
負帰還増幅回路………………………36
負帰還利得……………………………70
負性抵抗発振器………………………106
浮遊容量……………………………41, 42
フラッシュ形A/D変換器………………144
ブリーダ……………………………144, 145

へ

並列共振周波数………………………113
ベース接地……………………………16
ベース電流……………………………8, 17
弁別比…………………………………61

ほ

包絡線検出回路………………………102
飽和領域…………………………10, 29, 156
ホール………………………………2, 7, 9, 13

ま

マルチバイブレータ……………………124

み

ミラー効果……………………………42
ミラー積分器…………………………132
ミラー容量…………………………42, 73

195

む

無安定マルチバイブレータ……………………124
無帰還増幅器……………………………………72

も

モノリシック IC ……………………145, 149

ゆ

誘導性リアクタンス……………………………114
ユニティゲイン周波数………………………66, 165
ユニポーラトランジスタ…………………………9

よ

容量性リアクタンス……………………………115
四端子回路………………………………………25

ら

ラダー形 D/A 変換器…………………………148

り

理想ダイオード回路……………………………101
利得余裕…………………………………………73
リミッタ…………………………………………96
量子化……………………………………………139
量子数……………………………………………139

る

ループ利得………………………………71, 106

れ

レベルシフト回路………………………………64

ろ

論理回路…………………………………………7

―― 著 者 略 歴 ――

若海　弘夫（わかうみ　ひろお）

1973年	千葉大学工学部電子工学科卒業
1973年	日本電気株式会社勤務
1992年	東京都立工業高等専門学校助教授
2000年	東京都立大学大学院工学研究科博士課程電気工学専攻修了　博士(工学)
2002年	東京都立工業高等専門学校教授
2006年	東京都立産業技術高等専門学校教授
2015年	東京都立産業技術高等専門学校定年退職
	非常勤講師　現在に至る
専　門	集積電子回路,光センシング

Best Invited Paper Award受賞（国際会議CIM 2007）
平成25年度御下賜金記念産業教育功労者表彰受賞
IEEE Senior Member，電子情報通信学会シニア会員
Editorial Member of AASCIT
著書：『ディジタル回路』（コロナ社），『Mechatronics』（Wiley-ISTE），他2編
論文：130編以上

Ⓒ Hiroo Wakaumi 2016

技術者になっても役立つ 電子回路

2016年7月27日　第1版第1刷発行

著　者　若　海　弘　夫
発行者　田　中　久米四郎

発　行　所
株式会社　電気書院
ホームページ　www.denkishoin.co.jp
(振替口座　00190-5-18837)
〒101-0051　東京都千代田区神田神保町1-3 ミヤタビル2F
電話(03)5259-9160／FAX(03)5259-9162

印刷　創栄図書印刷株式会社
Printed in Japan／ISBN978-4-485-30248-4

- 落丁・乱丁の際は，送料弊社負担にてお取り替えいたします。
- 正誤のお問合せにつきましては，書名・版刷を明記の上，編集部宛に郵送・FAX（03-5259-9162）いただくか，当社ホームページの「お問い合わせ」をご利用ください。電話での質問はお受けできません。

JCOPY 〈(社)出版者著作権管理機構 委託出版物〉

本書の無断複写(電子化含む)は著作権法上での例外を除き禁じられています。複写される場合は，そのつど事前に，(社)出版者著作権管理機構(電話：03-3513-6969，FAX：03-3513-6979，e-mail：info@jcopy.or.jp)の許諾を得てください。また本書を代行業者等の第三者に依頼してスキャンやデジタル化することは，たとえ個人や家庭内での利用であっても一切認められません。